MIBISHI DIANSHILU
DAXIU ZHINAN

密闭式电石炉大修指南

江军 主编

化学工业出版社
·北京·

内容简介

本书是新疆中泰矿冶有限公司密闭式电石炉大修经验的总结，主要从电石炉装置、大修任务书和组织架构、大修管理要求、大修过程、开炉、大修验收标准和大修施工案例等方面对电石炉大修全流程进行了详细介绍。

本书可供电石生产行业的各位同仁参考，也可作为一线员工的培训教材使用。

图书在版编目(CIP)数据

密闭式电石炉大修指南/江军主编．—北京：化学工业出版社，2024.3

ISBN 978-7-122-45182-8

Ⅰ．①密…　Ⅱ．①江…　Ⅲ．①碳化钙-化工生产-化工设备-维修-指南　Ⅳ．①TQ161-62

中国国家版本馆 CIP 数据核字（2024）第 053081 号

责任编辑：赵卫娟　　装帧设计：王晓宇
责任校对：王鹏飞

出版发行：化学工业出版社
（北京市东城区青年湖南街 13 号　邮政编码 100011）
印　　装：北京科印技术咨询服务有限公司数码印刷分部
710mm×1000mm　1/16　印张 8　字数 117 千字
2024 年 5 月北京第 1 版第 1 次印刷

购书咨询：010-64518888　　售后服务：010-64518899
网　　址：http://www.cip.com.cn
凡购买本书，如有缺损质量问题，本社销售中心负责调换。

定　　价：78.00 元

编写人员名单

主　　编：江　军

副 主 编（排序不分先后）：

贺力海　陈　亮　尚晓克　火兴泰　王文明

李　欢　胡康宁　王志全　常　亮　董博锋

栾会东　黄万鹏　姜德翔　王　刚　冯建军

马立奇　李志刚　王双红

参编人员（排序不分先后）：

朱亚松　于　龙　兰志平　申　琳　李佩峰

屈朋涛　李雨晨　杨秀萍　黄斐斐　袁冰鑫

吴　琦　李　飞　李建鹏　闫飞飞　闫　泽

雷小武　周　强　李　鑫　雷兢栋　刘永伟

武小林　秦彦荣　王小龙　张顺成　焦　方

张建勋　王军昌　高怀义　单小虎　秦国仁

田锦锋　田　甜　阿依江·哈不力孜

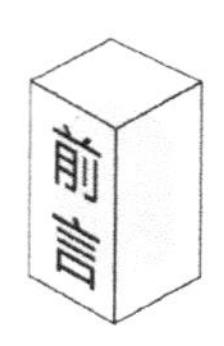

在传统的认知中，人们对电石生产一直就有“高污染、高能耗、高劳动强度、高风险、低自动化水平、低人员素质”的刻板印象。但随着装备技术的不断进步，电石生产运行逐步进入了机械化、自动化、数字化、信息化、智能化的变革发展新阶段。中国电石工业经历八十多年的发展，通过对挪威埃肯炉的不断改进和完善，突破了密闭电石生产工艺的瓶颈，开发出了适合中国原材料特色的国产大型密闭式电石炉及其配套装备。

随着电石炉长周期运行，为了保证设备运行的稳定性和可靠性，大修成了必不可少的重要环节之一，但目前行业内没有成套装置大修的全流程指南，且随着生产装备技术水平的不断提高，“专、精、尖”人才比较缺乏，电石炉大修过程中事故时有发生，阻碍了生产的顺利进行以及行业的安全发展。因此电石炉大修全过程指南，已成为行业的迫切需求。

在新疆中泰矿冶有限公司董事长江军的带领下，公司组织安全、工艺、设备等技术管理人员，结合电石炉大修现场实践，对历年来电石炉大修的经验进行了提炼，从大修任务书和组织架构、大修管理要求、大修过程、开炉、大修验收标准和大修施工案例等角度进行了详细论述，希望能为行业同仁进一步了解大修全过程管理内容，提供更符合实际现状的参考。

本书是新疆中泰矿冶有限公司集体智慧的结晶，值得同行业同仁学习借鉴，也是一线员工不可多得的培训教材。

由于时间有限，书中不妥之处，敬请读者批评指正。

编者

2023 年 12 月

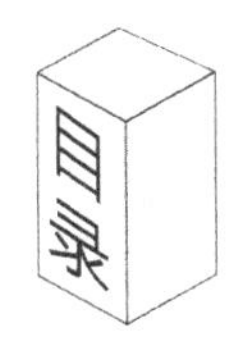
目录

第1章 电石炉装置

1.1 密闭式电石炉构造

密闭式电石炉由电石炉主体、液压系统、炉顶加料系统、炉前排烟系统、冷却系统、二次母线系统、组合式电极柱、智能出炉系统、净化系统等组成。炉盖为全密闭形式，炉瓣间采用绝缘处理以防形成涡流；电极采用组合式把持器结构，电极的焙烧及压放可靠、连续；环形加料机设有防溢料装置，保证设备运行可靠；加料机刮板驱动气缸外置，可有效防止灰尘对气缸的影响，延长了设备的使用寿命。

电石炉设备整体图见图 1-1，三维图见图 1-2。

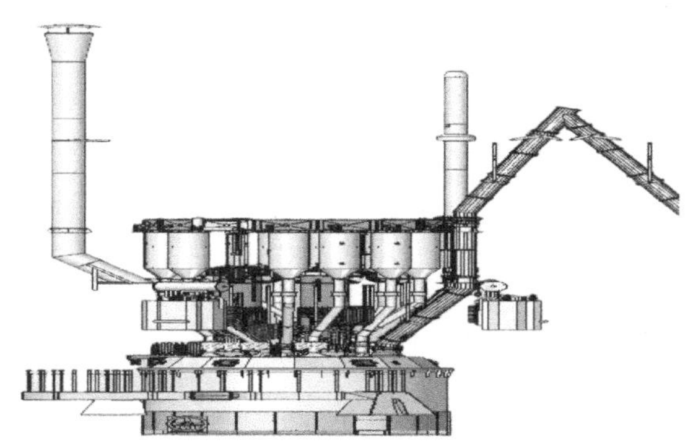

图 1-1　电石炉设备整体图

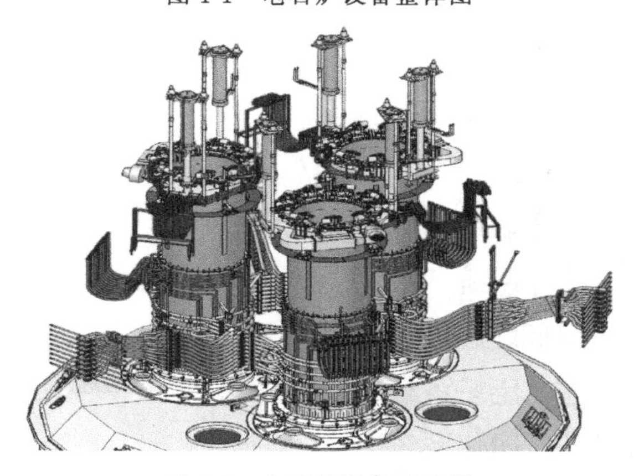

图 1-2　电石炉设备三维图

1.1.1 组合式电极柱

组合式电极柱由上、下两部分组成。电极柱上部（见图 1-3）主要包括电极升降装置、电极压放装置、电极导向装置、电极加热装置及液压管路等。电极柱下部（见图 1-4）主要包括下部把持筒、水冷保护套、导电铜管、底部环、接触元件（见图 1-5）、电极柱母线（见图 1-6）、冷却水管（见图 1-7）等部件。

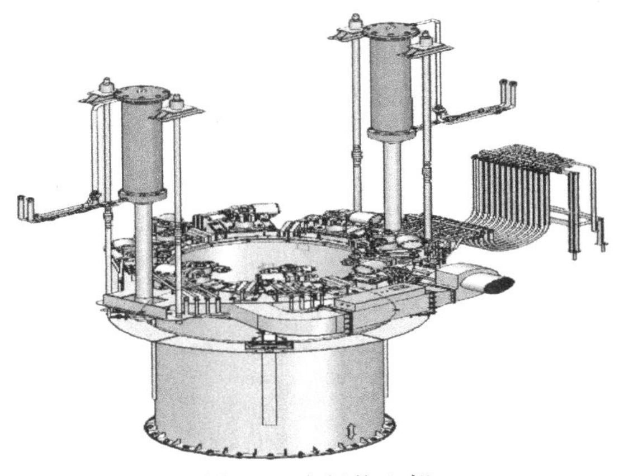

图 1-3 电极柱上部

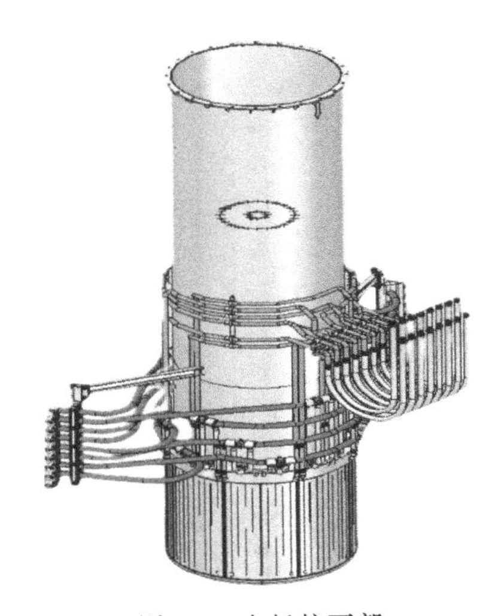

图 1-4 电极柱下部

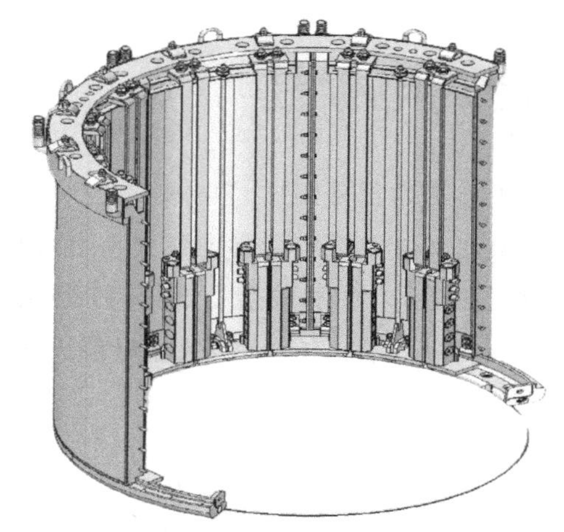
图 1-5　电极柱下部接触元件

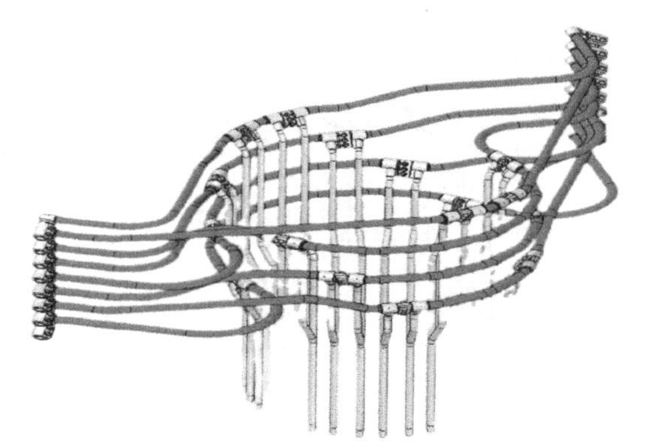
图 1-6　电极柱母线

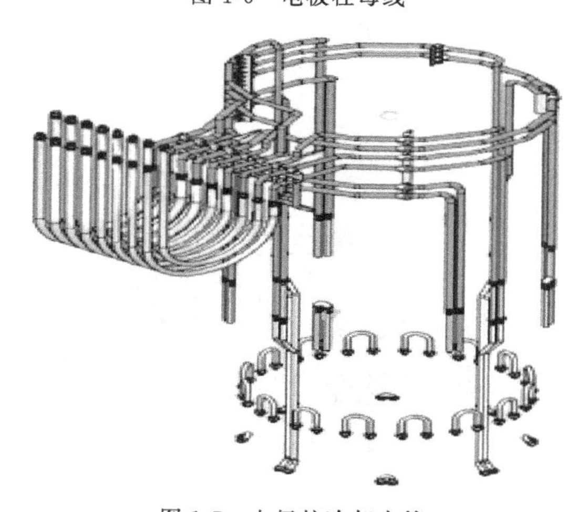
图 1-7　电极柱冷却水管

电极柱主要部件见表1-1。

表1-1 电极柱主要部件

名称	备注
电极升降装置	采用液压驱动方式，执行电极升降
电极压放装置	当电极消耗时压放电极
压放平台	连接升降液压缸、辅助夹持器，安放电极压放单元、加热元件等，完成电极升降、压放动作
吊挂套筒	吊挂电极柱下部各部件
水冷保护套	保护电极和导电元件
铜母线装置	连接二次母线及接触元件
底部环	保护导电元件，密封电极壳及电极柱间间隙
接触元件	
冷却水供应装置	
绝缘系统	绝缘件主要分布于底部环与保护套之间、底部环与接触元件之间、接触元件与保护套之间、保护套与保护套之间、接触元件与吊挂套筒之间、吊挂套筒与压放平台之间、底部环与吊挂套筒之间、压放单元与压放平台之间、电极升降装置与厂房之间等

1.1.2 炉盖

炉盖（图1-8）采用分体式水冷结构，共有六组边缘水冷段及一组中心水冷段，各连接处用螺栓连接。炉盖下沿与炉体之间采用沙子密封。炉盖上沿电极入口处装有水冷密封套，该水冷密封套对电极起密封及导向作用。炉盖中心三角区下部朝炉膛侧浇筑有耐火材料。

密闭操作时，检查盖、检修盖及防爆口要全部密闭。

炉盖主要部件见表1-2。

表1-2 炉盖主要部件

名称	备注
边缘水冷段	由多边形组成，近似圆盖状，改善冶炼环境
中心水冷段	连接边缘炉瓣，形成电极孔
水冷密封套	在电极相对炉盖运动过程中提供密封

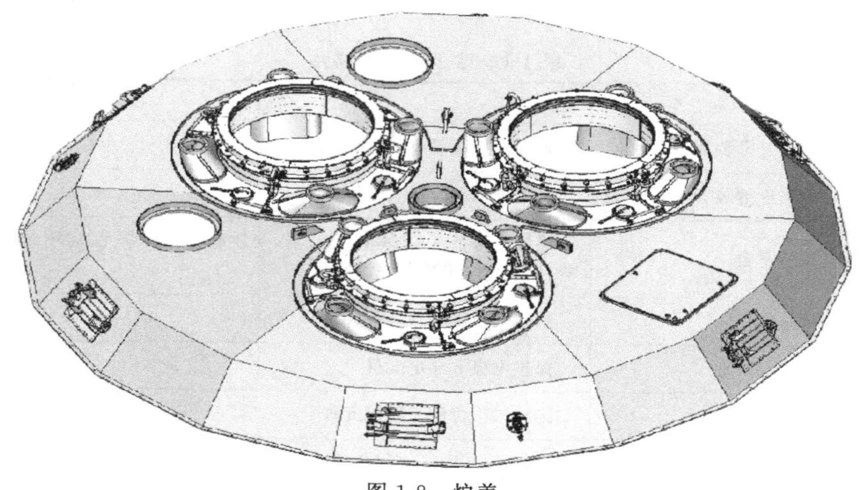

图 1-8　炉盖

1.1.3　炉体及炉底风冷

炉体主要由炉壳、炉嘴、炉底支撑及炉衬组成，是生成电石的场所（见图 1-9）。炉壳由钢板焊接而成，炉体上设有多个热电偶。炉底设有风道，用来对炉底进行冷却（见图 1-10）。风冷系统由风机及支架组成，冷却风机安装于厂房侧壁（见图 1-11），与大气连通。

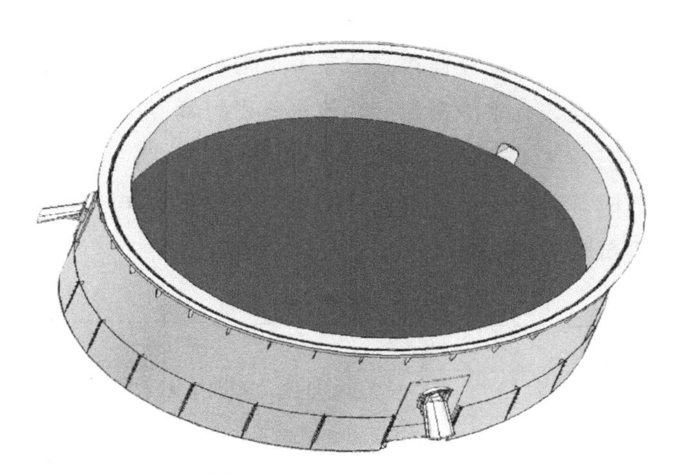

图 1-9　炉体内部示意图

图 1-10　炉底风冷系统示意图

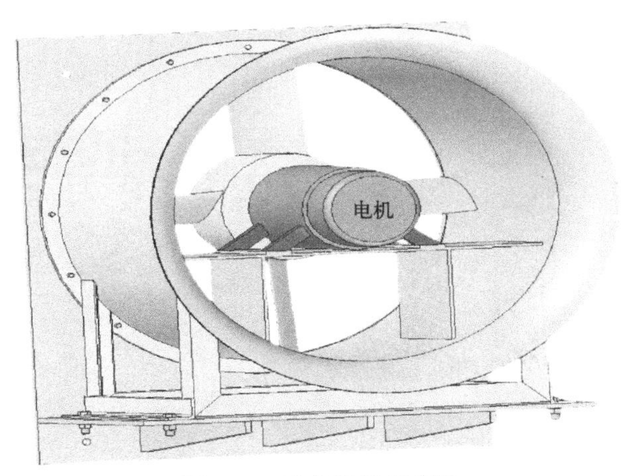

图 1-11　冷却风机示意图

1.1.4　二次母线系统

二次母线系统起导线作用，一端与变压器二次出线端子连接，另一端与电极铜母线连接，采用无氧紫铜水冷管式导电结构，由于电极需要压放及升降，故二次母线每根导电管均配有水冷软电缆。二次母线系统见图 1-12 和图 1-13。

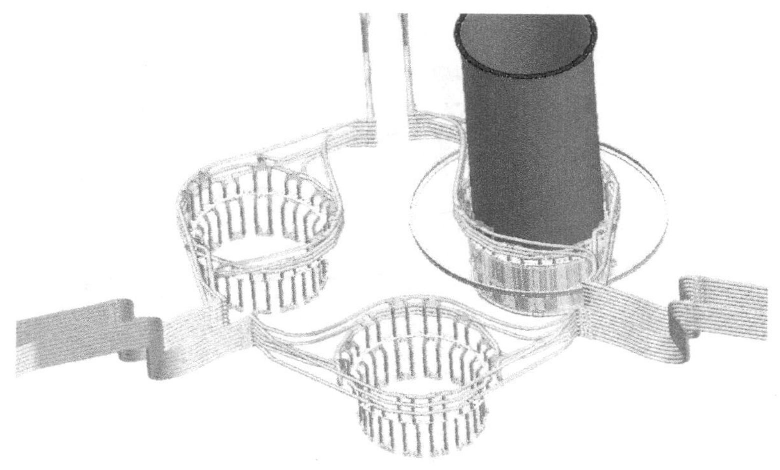

图 1-12　二次母线系统一

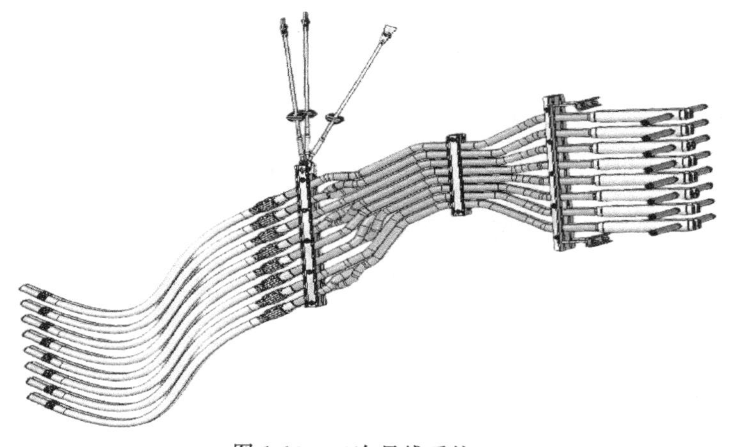

图 1-13　二次母线系统二

1.2 电石炉加料系统

电石炉加料系统由环形加料机、12 个炉顶料仓、12 组加料管、12 组料管绝缘吊挂、12 组雷达料位仪及 12 个耐热铸钢料嘴组成。

1.2.1 炉顶环形加料机

炉顶环形加料机用于将原料加入每一个炉顶料仓，送料信号由料仓上的料位仪给出。每个料仓上部设有一套刮料装置。刮料装置由气缸推动，可将原料送入料仓内。环形加料机示意图见图 1-14。

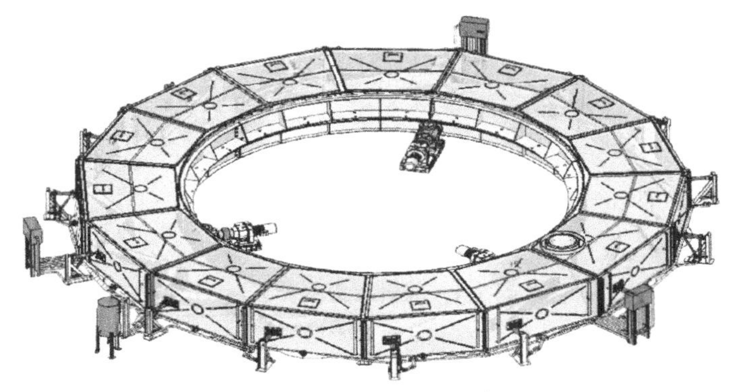

图 1-14 环形加料机示意图

炉顶环形加料机由传动装置、气动刮板装置、机架及密封罩等组成，见表 1-3。

表 1-3 环形加料机主要部件

名称	备注
传动装置	提供料盘旋转动力
气动刮板装置	将炉料刮入料仓
机架	支撑密封罩及框架
密封罩	封闭加料,起防尘作用

1.2.2 电石炉加料装置

电石炉采用连续加料方式，每 4 个料嘴形成一组，沿一根电极布置（见图 1-15）。在料嘴底部靠自然堆积将炉料（石灰和碳材）均匀堆放在炉内，不断反应，料仓不断补充，加料装置主要部件见表 1-4。

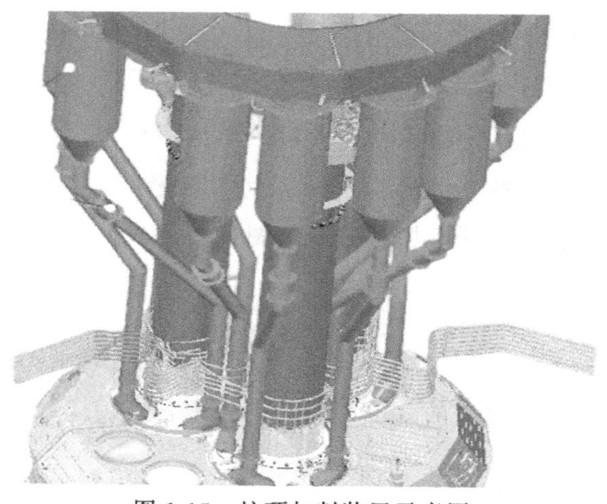

图 1-15 炉顶加料装置示意图

表 1-4 加料装置主要部件

名称	说明	备注
炉顶料仓	储存炉料	容量:$7m^3$
加料管	炉料通道	直径:350mm
料嘴	均匀布料	材质:ZG35
绝缘段	绝缘	表面镀搪瓷
指形阀	检修时切断炉料	

1.3 电石炉液压系统

电石炉液压系统组成如下。

(1) 液压站(图 1-16)包括 6 台液压泵、油箱、压力调节阀组。6 台液压泵组中，3 台用于三个电极升降，1 台用于电极压放，1 套备用，1 套用于过滤冷却系统。每个电极由两个单作用油缸完成升降动作，当压力油进入油缸腔时，电极上升，电极下降靠电极自重，电极下降速度由调速阀确定（上升速度由泵确定），电极的上升速度和下降速度均为0.5m/min。电极升降由控制室控制，也可由现场控制盘控制。压放装置控制组合把持器的夹紧油缸和升降油缸，组合把持器的压放油缸速度由压放盘内的流量调节阀调节。

图 1-16　液压站示意图

（2）备用系统的功能相当于一个电极升降控制单元或压放动力单元，当其中一个液压泵发生故障时，可以将响应的截止阀打开或关闭，将控制信号切换到备用装置上，即可替代故障单元。

（3）过滤冷却系统将油箱中的油经过滤油器和冷却器不断循环，保持介质的清洁度和温度。

（4）油箱带有液位指示、温度指示、液位开关，在冷却过滤油泵的吸口设有注油口，通过此油口可向油箱中加油。

（5）每个控制阀组都带有一个溢流阀和一个压力表来调节系统压力，压力表由一个开关控制，需要读取压力值时，按下按钮，压力表方有显示。

（6）电极升降阀组设有压力继电器，设置在流量控制阀上游，用来监视升降压力管路中的压力，测定可能出现的严重泄漏（如管路疏松、软管破裂等）。当出现异常低压的情况时，压力继电器发出信号关闭油泵并报警。

1.4 电石炉冷却系统

1.4.1 电石炉冷却水系统

电石炉高温区设备除部分采用耐火绝热材料保护外，均需要通入冷却水，以保证其长时间使用。每台电石炉配有三台水分配器（图 1-17），每个水分配器由进水闸阀、回水槽、进出水接管、过滤网、进水压力表、温度表、回水流量计、温度检测开关等组成。

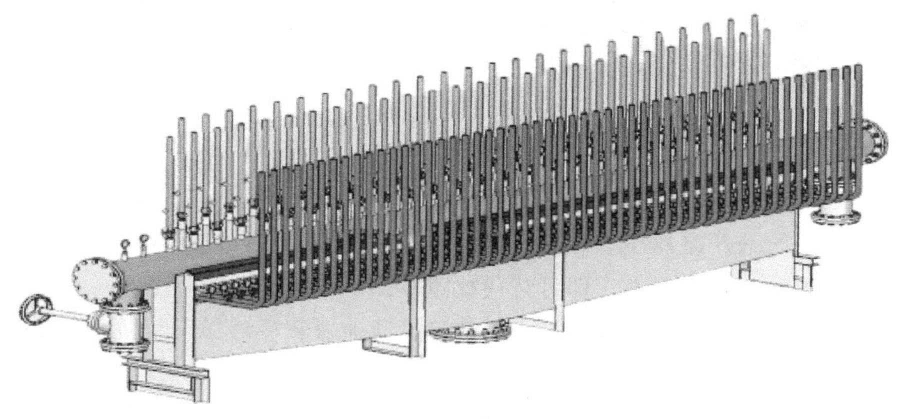

图 1-17　电石炉冷却水系统

1.4.2 电石炉检漏系统

电石炉二楼检漏系统（图 1-18）主要用于监视每路冷却水管线回水流量变换情况，并根据流量及温度变化，结合在线分析仪表氢含量的变化情况精准定位漏水管线的部位，及时采取相应的应急措施，避免漏水故障造成严重事故。

系统对“温度-压力-流量”趋势图进行整合，采用流量-温度一体式智能仪表，并根据实际运行特点进行简化安装，以便于后期的运行维护。并不断摸索总结漏水变化量，形成数据库，为后期电石炉的自动控制提供数据支持。

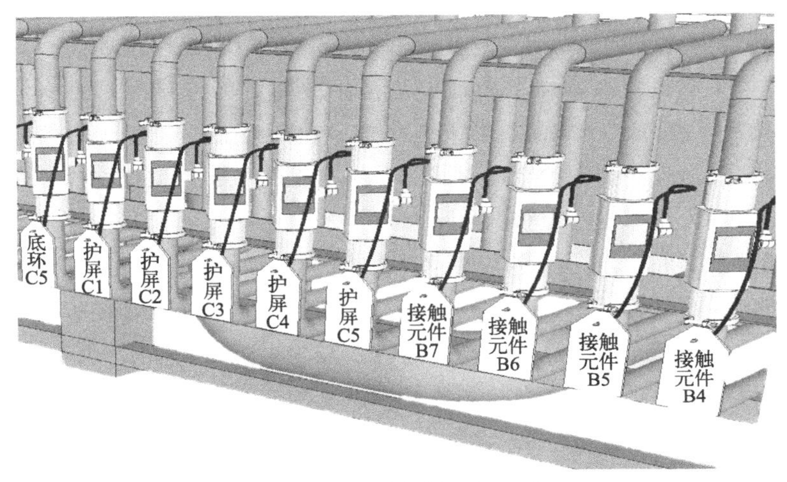

图 1-18　电石炉检漏系统示意图

1.5 电石炉智能处理料面装置

智能料面机（图 1-19）的电石捣炉机器人工作流程如下。

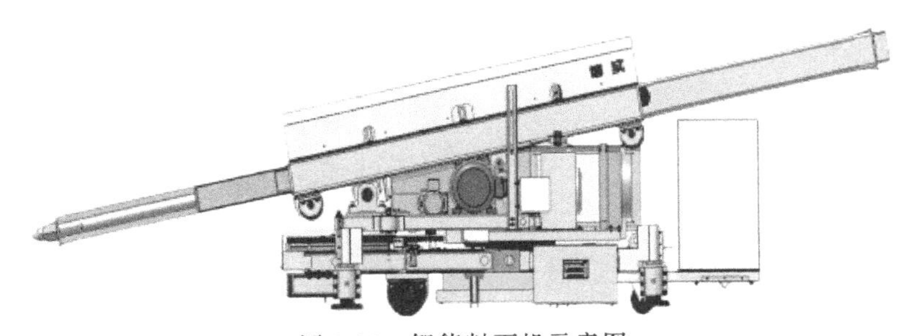

图 1-19　智能料面机示意图

（1）充电　先确认机器人初始姿态：钎杆俯仰角度为 10°、左右旋转角度为 0°、伸缩位置为 0mm，位于机器人四周的四个支腿组件全部收回

（否则操作人员须控制机器人调整到此姿态），然后控制机器人行走至机器人充电房内，将充电器插头连接至电池充电插座。待电池电量指示达到85%～100%时，可断开充电器插头与电池充电插座的连接。

（2）行走、定位和连接电源　操作人员控制机器人行走至炉口前约2m的距离时停止，另一名工作人员手动开启炉门，并连接此炉口附近的卷线器插头和机器人本体上的插座（当因故障不能连接时，可由电池供电）。然后，操作人员控制机器人正对炉口向前行驶，当位于机器人前下方的撞架撞击到炉门前的台阶时，操作人员控制机器人四周的支腿组件伸出，将机器人整体支撑定位。

（3）翻捣和退出　操作人员通过控制机器人的旋转、俯仰和伸缩等动作对炉内料面进行疏松、破壳和耙平，并疏通下料口物料，使炉内布料均匀，扩大反应区，消除悬料，捣碎熔渣，减少结壳和料面喷火，增加透气性。翻捣结束后，操作人员控制机器人恢复到初始姿态，并行走至炉口前2m以外的距离，然后由另一名工作人员手动关闭该炉口的炉门，并断开卷线器插头和机器人本体上插座的连接。

（4）顺次翻捣和回位　操作人员控制机器人对下一个炉门进行相同的操作。当所有需要翻捣的炉口都处理完成之后，即完成一次捣炉循环。

1.6 电石炉智能出炉系统

电石炉出炉系统由出炉机器人（见图1-20）、炉前排烟系统、出炉轨

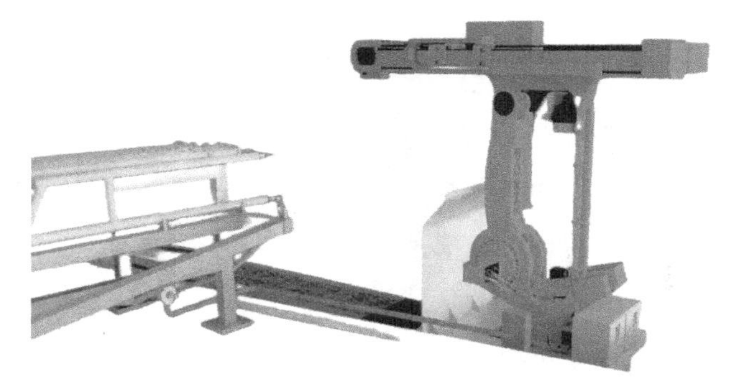

图1-20　出炉机器人示意图

道及卷扬系统、炉前挡屏、自动开闭模系统、智能装车系统组成。

1.6.1 出炉机器人

(1) 出炉操作工在出炉操作控制室内，根据出炉操作监控视频和生产工艺控制要求，通过操作中控台控制出炉现场的机器人工作。

(2) 出炉操作工通过操纵控制终端，控制机器人完成烧眼、开眼、带钎、堵眼、修眼和清炉舌工作。

① 烧眼：烧眼器工作行程 1500～2000mm。

② 带钎：带钎深度 3500～4000mm。操作工控制机器人，根据出炉情况能够灵活进行带纤操作并控制带纤次数。

③ 堵眼：机器人使用电石散料堵眼，正常情况下，每次出炉使用一料斗的电石散料完成堵眼。

④ 清炉舌：出炉完成后，操作工可以控制机器人完成对炉舌上黏附电石的清理。

(3) 机器人采用全伺服控制，具备全方位力度感知功能，对工具可起到有效的保护作用，减少烧眼时因操作不熟练引起的炭棒断裂，减少培训和日常操作的耗材消耗。

(4) 机器人具备工具旋转功能，有利于防止带纤过程中纤子被卡住，运行稳定可靠；升降自由，可以调整自身高度去适应炉眼高度，补偿随着炉内硅铁沉积而逐渐升高的炉眼。

(5) 机器人自重轻，在系统断电等异常情况下，1～2 个操作工便可移动机器人远离炉眼。

(6) 机器人系统采用高清数字化视觉监控系统，远离炉眼高温区安装，无需额外增加冷却系统。

(7) 炉前操作自动化程度高，能够自动取放工具，操作简单方便，可降低出炉操作工的劳动强度，在现场可视状况不佳的情况下能完成所有规划的自动出炉操作。

(8) 出炉过程中，出炉操作工能够随时在烧眼、带钎、堵眼、清炉舌等工作状况下切换，切换时间不超过 60s。

1.6.2 智能炉前排烟系统

炉前排烟系统（见图 1-21）主要由吸烟罩、烟气管道、手/气动翻板阀、烟道吊挂、烟囱、引风机、布袋除尘器等组成。吸烟罩为水冷结构，用于对出炉口烟气进行收集、输送。

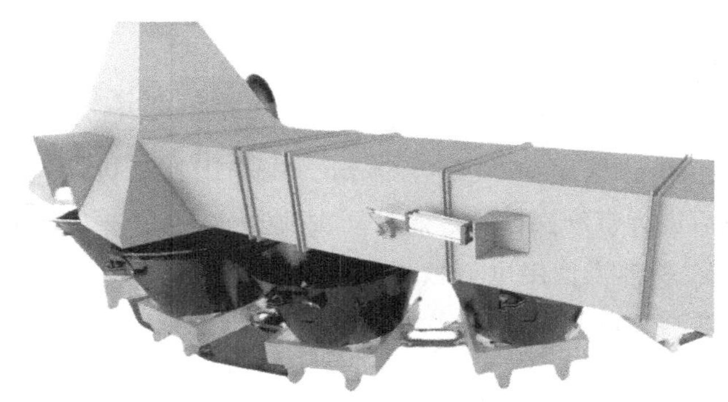

图 1-21　炉前排烟系统

电石炉一般有几个出炉口，当其中一个出炉口出电石时，将该出炉口的烟道闸阀打开，关闭其他出炉口烟道闸阀，出炉时排出的烟气经烟道、引风机进入布袋除尘器中，经除尘后排空。

1.6.3 智能远程出炉系统

采用卷扬机（包括卷筒、电动机、制动器、减速器、离合齿轮装置）往复牵引出炉小车及电石锅到冷却车间进行冷却。出炉轨道由钢轨、连接板、道岔装置、压辊、地辊、炉口铁板、钢丝绳组成，为出炉小车提供运行轨道。

出炉卷扬机（图 1-22）由电动机、联轴器、制动器、减速器、开式齿轮、卷筒、底座等组成，卷筒两端滑动轴承支承在主轴上，主轴固定在两边支座上，大齿轮与减速器输出轴上的小齿轮相啮合。联轴器为带制动轮的弹性柱销联轴器，带制动轮的半联轴器装在减速器输入轴，另一个半联轴器装在电动机轴上，使用气缸驱动离合。电动机动力经闭式减速器及开式齿轮副减速后，带动卷筒运转。

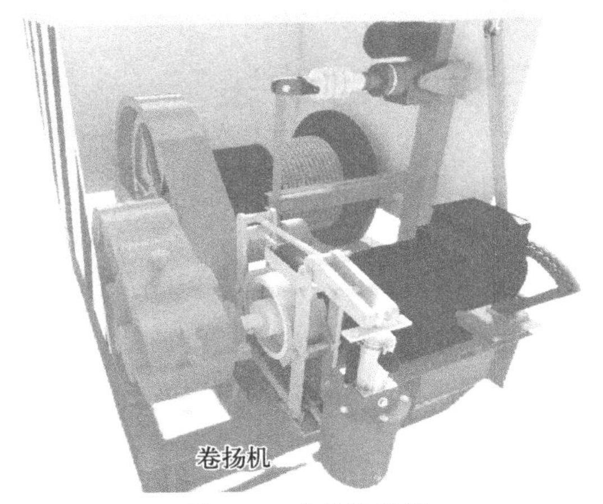

图 1-22　出炉卷扬机

1.6.4　智能开闭模系统

开闭模装置固定在轨道两侧，主要由组架、浮动开闭模轨道、辅助支撑轨道（见图 1-23）组成。出炉电石锅通过开模装置时，浮动开闭模轨道逐渐将锅耳上的滚动轴球下压，滚动轴球带动锅耳围绕销轴旋转，实现锅耳自动打开，辅助支撑轨道可以保持锅耳缓慢打开。出炉电石锅通过闭模装置时，浮动开闭模轨道逐渐将锅耳上的滚动轴球上提，滚动轴球带动

图 1-23　开闭模装置

锅耳围绕销轴旋转，实现锅耳自动闭合，辅助支撑轨道可以保持锅耳缓慢闭合。

1.6.5 电石储运自动装车

传统电石装车工艺比较落后，耗费大量劳动力，同时装载机在装车过程中对拉运车辆也会造成一定损伤，并产生大量的电石粉尘及噪声，影响现场操作环境。

通过加装电石缓冲释放仓，集中收集冷却后的电石同时进行破碎，释放时将运输车辆停至仓底，实现冷却后的电石块自动装车，有效解决了现场地面堆积电石产生的安全隐患，减少了在装车过程中冲击力对运输车辆造成的损坏，降低现场粉尘及噪声污染，从根本上保障了厂区绿色环境和现场工作人员的身体健康。电石储运自动装车装置见图 1-24。

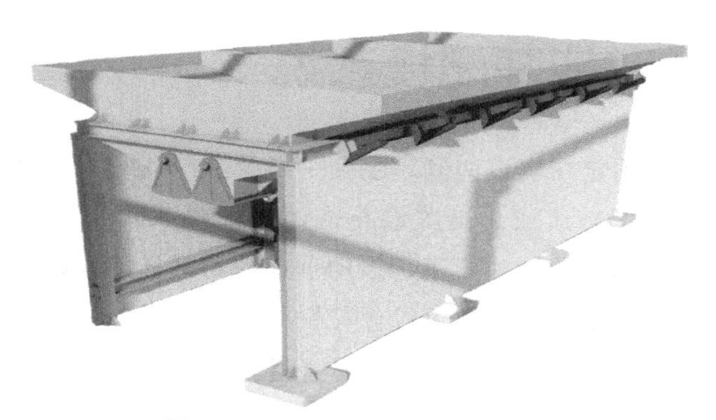

图 1-24 电石储运自动装车装置

1.6.6 智能搬运抓斗

智能搬运抓斗（图 1-25）由斗瓣、油缸、中心筒体、吊挂装置、液压系统总成、电缆卷筒组成，其特点是操作简单、使用便捷、稳定可靠，行车操作工可独立操作完成电石吊装作业。

智能搬运抓斗由斗瓣销轴与中心筒体装配在一起，通过油缸销轴与油缸连接，液压系统总成垂直安装于中心筒体内，中心筒体下部为液压油

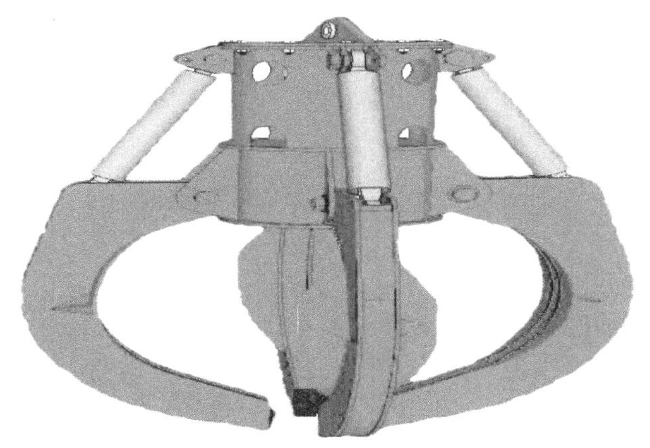

图 1-25　智能搬运抓斗三维示意图

箱。液压系统总成由电动机、高压柱塞泵和控制模块组成，中心筒体顶部与行车吊钩连接，行车卷筒电缆与液压电动机、油泵相连，由行车操作工控制抓斗开合完成电石吊运作业。

1.6.7　智能行车

智能行车又称无人天车，主要由桥架、大车运行机构、小车运行机构、起升运行机构、本地操作室、远程控制配电柜、远程操作台（见图 1-26)、视频系统组成。其特点是安全可靠，实现本质化安全、提高员工安全系数，智能化操作可降低故障率。

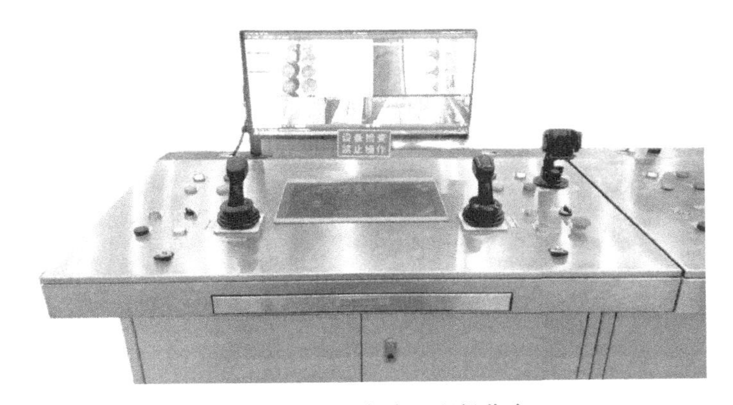

图 1-26　智能行车远程操作台

智能行车桥架沿铺设在两侧高架上的轨道纵向运行，起重小车沿铺设在桥架上的轨道横向运行，构成一矩形的工作范围，可以充分利用桥架下方的空间吊运物料，不受地面设备的阻碍，操作人员在控制室内远程操作智能行车实现吊运作业。

1.7 电石炉炉气净化系统

炉气净化装置主要是将密闭电石炉冶炼后产生的高温尾气，通过净气烟道（图 1-27）进入炉气净化装置内进行粗过滤、冷却、精过滤，最终将净化合格后的尾气经炉气管道送入气烧石灰窑充当燃料，进行循环利用。

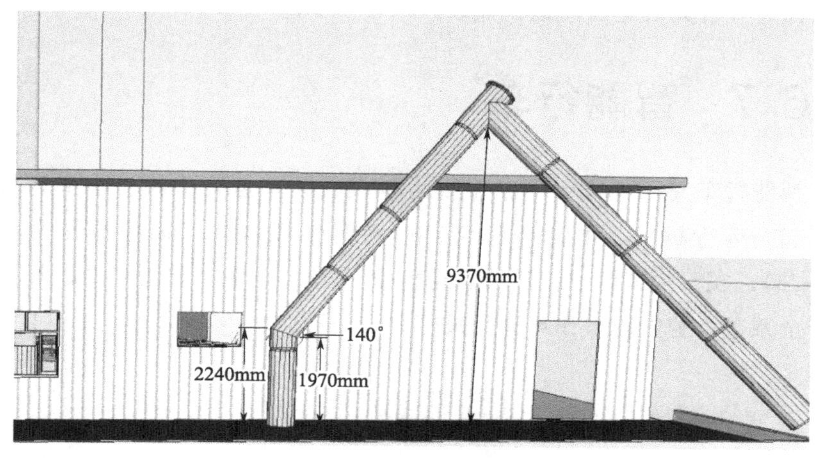

图 1-27　净气烟道

1.7.1 工艺流程

电石炉冶炼产生的粉尘含量较高的炉气经过净气烟道，在粗气风机的作用下进入沉降器，将炉气中 40%～50%的大颗粒粉尘沉降后经过卸灰阀进入链板式输送机，最终输送至储灰仓。从沉降器出来的高温炉气经过空冷器进行降温（180～250℃）后再经过粗气风机，送入三个布袋仓进行精过滤，然后经过净气风机，将粉尘含量较少的一氧化碳气体通过炉气管道送至增压风机再送入气烧石灰窑作为燃料。

1.7.2 主要设备

主要设备为空气冷却风机、粗气风机、净气风机、反吹装置、耐高温卸料器、刮板式输送机、氮气储罐、电动蝶阀等。

1.7.3 净化系统风机性能参数

（1）空气冷却风机（图 1-28）及电动机用量参数

① 处理气量：3800～4800m^3/h；

② 电动机功率：37kW×1 台，1480r/min（隔爆型三相异步电动机）；

③ 控制系统：采用 1 个变频器启动控制。

图 1-28 空气冷却风机

（2）粗气风机及电动机用量参数

① 处理气量：3800～4800m^3/h（风机风量为 9000～12000m^3/h）；

② 风机压力：9000～12000Pa；

③ 电动机功率：90kW×1 台，2960r/min（隔爆型三相异步电动机）；

④ 轴承部分水冷保护（1 台）。

（3）净气风机（图 1-29）及电动机用量参数

① 处理气量：3800～4800m^3/h（风机风量为 9000～12000m^3/h）；

② 电动机功率：90kW×1 台，2960r/min（隔爆型三相异步电动机）；

③ 轴承部分水冷保护（1 台）。

图 1-29 净气风机

（4）空气旋风冷却器设计参数

① 规格：ϕ2000mm×5000mm；

② 处理气量：3800～4800m^3/h；

③ 冷却面积：35m^2；

④ 炉气温度：由 500℃降为 300℃左右。

（5）布袋除尘器及净化后排放标准

① 布袋仓滤袋规格：ϕ132mm×4000mm；

② 单台净化装置：布袋仓 3 台，滤袋 408 条；

③ 布袋过滤面积：676.431m^2；

④ 布袋过滤风速：＜0.9m/s；

⑤ 出口含尘浓度：≤25mg/m^3；

⑥ 除尘效率：99.8％。

(6) 离心风机

① 离心风机是依靠输入的机械能，提高气体压力并排送气体的机械，它是一种从动的流体机械；

② 气流轴向驶入风机叶轮后，在离心力作用下被压缩，主要沿径向流动；

③ 离心风机高低压分类如下（在标准状态下）：

低压离心风机：全压 $P \leqslant 1000$Pa

中压离心风机：全压 $P = 1000 \sim 8000$Pa

高压离心风机：全压 $P = 8000 \sim 30000$Pa

(7) 刮板式输送机（图 1-30）

按溜槽的布置方式和结构，可分为并列式及重叠式两种；按链条数目及布置方式，可分为单链、双边链、双中心链和三链四种。其特点是机身高度小，便于装载，机身长度调节方便。

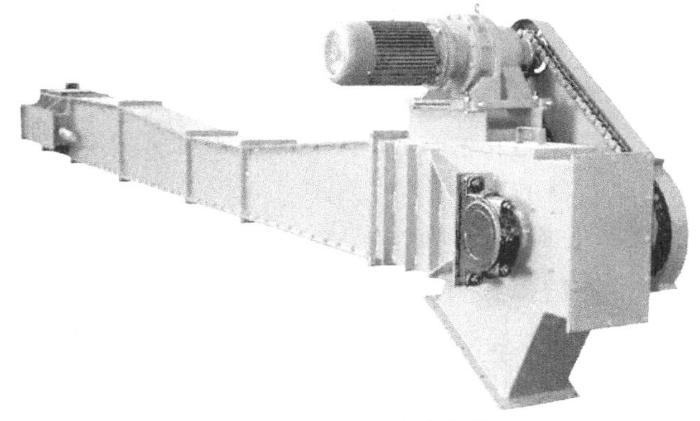

图 1-30 刮板式输送机

1.8 自动控制系统

(1) PLC 自动化控制系统

电石炉自动化系统采用集中控制方式，分就地控制和集控中心远程控制两部分，同时在每个电石生产车间设置 2 台 HMI 监视器，用于车间设备监控。在总控制室内设置操作员站，用于采集各个分系统的生产数据，并协调各系统生产工作，在操作员站设置相应的紧急操作按钮，通过企内工业局域网实现各工序单元的数据共享。

（2）设备构成

由操作台、电源柜、PLC 柜等组成。操作台用来放置 HMI 系统并配有急停按钮及上位机系统（电石炉集控室增加急停按钮）。电源柜用于安装系统控制回路中的空气断路器、稳压电源等。PLC 柜和现场子站柜用于安装设备控制系统的 PLC 模块。在电动机、电磁阀等执行器附近设置有现场操作箱，主要用于在调试和维护设备时控制设备启动、停止。操作箱面板上安装有相应的控制按钮和信号灯。电石炉出炉和上料除尘风门电磁阀集中安装在控制箱内。

（3）控制系统结构

① 电石炉采用计算机-电气传动-自动化仪表三合一电控系统的设计方案。采用西门子高性能 PLC 控制器，CPU 最快控制周期可小于 1ms，适用于工业现场环境。

② 每台电炉主体设备配有一套 PLC 控制系统（采用西门子 S7-400 主站＋ET200M 结构，主站冗余），用于收集并处理现场仪表信号及控制电动机、电磁阀等执行器的动作。

③ 每套炉气净化系统单独采用一套 PLC 控制系统（采用西门子 S7-300 主站＋ET200M 结构），每套散点除尘设置一套西门子 S7-200 控制器，实现工艺参数的在线监测和控制除尘设备的运行，并通过工业以太网与其他 PLC 通信交换数据，实现炉气净化系统与对应的电炉系统连锁动作，散点除尘系统与对应的原料处理及上配料系统的连锁动作。卸灰控制采用现场手动操作方式。

（4）控制系统网络特点

电石炉自动控制系统网络结构采用了两层网络结构即计算机之间采用了上层的工业以太网结构（PLC 与工控机之间、工控机之间、PLC 与 PLC 之间的连接），PLC 与电气传动装置之间采用了下层的 Profibus 现场总线网结构（PLC 主站与 PLC 分站之间，采用了 ET200M 结构），并预留了以太网接口。

（5）自动化系统主要功能

PLC 完成对电极电流、电极电压、挡位给定等信号采样，按照恒功率或恒电流或恒电阻控制的原理进行运算处理，将最终结果输出到液压控制系统来实现电极升降的自动控制。供电曲线在出炉时间变化时允许修改，在自动控制过程中，随时可以人为干预，通过按键增大或减少输入功率、电流、阻抗或直接修改控制参数，也可以手动控制电极升降。当系统出现故障等特殊情况时也可人为切换为手动控制。控制系统具有故障自诊断功能（如 CPU 故障）。

（6）电极消耗补充控制

PLC 会按照设定的时间间隔或电极消耗的电能执行压放动作，将最终结果输出到液压控制系统来完成电极压放的自动控制，压放设定参数在工况条件变化时允许修改。在自动控制过程中，随时可以人为干预，通过按键增大或减少输入的时间间隔或直接修改控制参数，也可以手动操作控制电极压放。

（7）原料配送控制

原料配送包含炉顶料仓料位监测、原料的称量、输送等。PLC 根据炉顶料仓的料位信号判断是否加料。如果需要加料则根据预设的原料配比自动称量混匀，并输送到料仓，在一批料称量结束后，系统将自动记录下这批料的重量，作为系统加料重量累计的一个重要参数。采用料仓排队模式实现加料系统的一键上料功能，减少操作人员人为干预。

（8）炉气微压自动控制系统

将电石炉炉盖上设置的炉压采样点取出的炉压信号送至微差压变送器，通过与大气压比较得出炉内外差压值，根据此差压值调节风机频率，以保证炉内压力始终保持在一个合理的范围内。

第 2 章

电石炉大修任务书与组织架构

2.1

任务书创建

属地车间根据电石炉实际运行周期、冷却系统循环水流量变化、循环水温度变化、核心设备附件使用周期、历史检修频次、炉壁烧损情况、炉底温度变化情况、产量变化情况、电耗情况等，结合历史数据进行综合评估，确定需要进行大修的电石炉，并创建大修项目任务书（表 2-1）。

表 2-1　大修项目任务书

<table>
<tr><td>项目名称</td><td colspan="3"></td><td colspan="2">项目负责人</td><td></td></tr>
<tr><td>项目所属部门/工序</td><td colspan="3"></td><td colspan="2">部门负责人</td><td></td></tr>
<tr><td>项目申报时间</td><td colspan="3"></td><td colspan="2">部门主管领导</td><td></td></tr>
<tr><td>设备现状</td><td colspan="6"></td></tr>
<tr><td>项目施工方案</td><td colspan="6"></td></tr>
<tr><td>安全措施</td><td colspan="6"></td></tr>
<tr><td rowspan="3">项目专业负责人</td><td colspan="6">专业负责人</td></tr>
<tr><td>机械</td><td>土建</td><td>电气</td><td>仪表</td><td>安全</td><td>工艺</td></tr>
<tr><td></td><td></td><td></td><td></td><td></td><td></td></tr>
<tr><td rowspan="3">项目投资预算</td><td>主材</td><td>零部件</td><td>安装</td><td>电仪</td><td>土建</td><td>合计</td></tr>
<tr><td></td><td></td><td></td><td></td><td></td><td></td></tr>
<tr><td></td><td></td><td></td><td></td><td></td><td></td></tr>
<tr><td>项目工期/进度</td><td colspan="6">项目实施进度及目标：</td></tr>
<tr><td>检修标准及质量要求</td><td colspan="6">检修规程，施工、安装规范，产品使用说明书等</td></tr>
</table>

属地车间根据所需大修装置的实际检修项目，确定大修实际的材料费用预算，根据历史大修项目的实际材料消耗，确定最终的大修主材明细表（表 2-2）。

表 2-2　大修主材明细表

项目名称	主材及设备					
	材料名称	型号	数量	单位	单价	小计
总计						

2.2 组织架构

大修项目由设备主管领导总体指挥，下设三个管理小组，并分别管理四支施工队伍及一支质量管控小组，形成完整的指挥运行体系。大修组织架构见图 2-1。

2.2.1　工程技术组

组长：大修牵头负责部门主管领导。

副组长：机修车间负责人、电仪车间负责人、属地车间负责人。

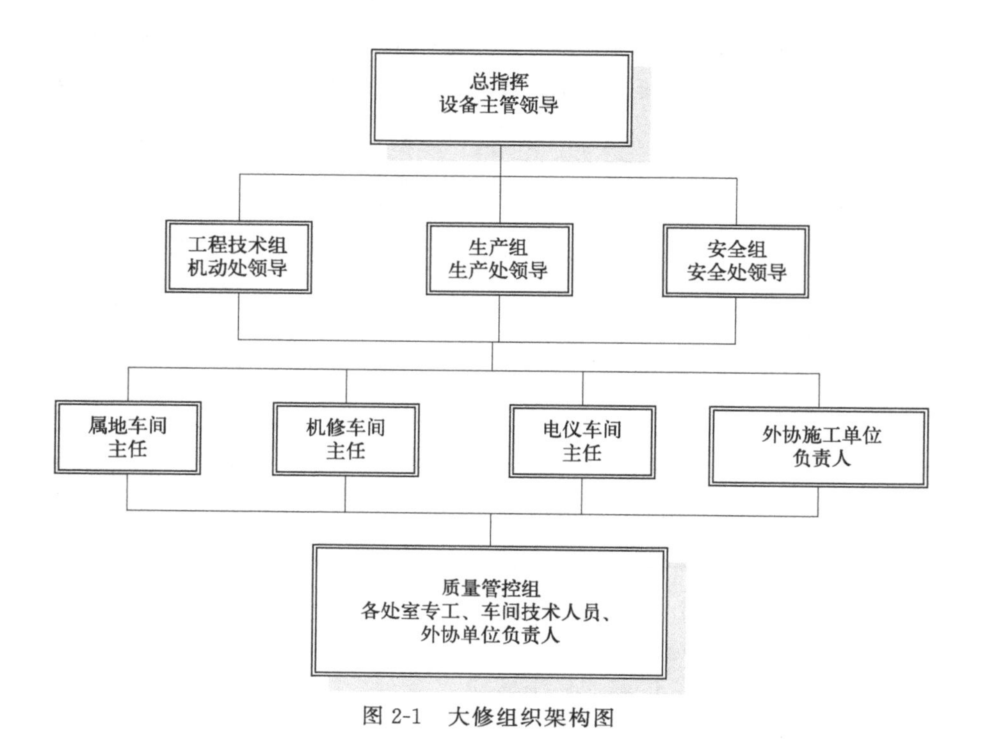

图 2-1 大修组织架构图

成员：机械动力处负责专工、车间设备员、外协施工负责人。

职责：

① 负责电石炉装置大修的全面管理工作。

② 负责大修明细的编制和汇总工作，以及主要大修方案的编制、审核工作。

③ 负责大修材料计划的审批及催促到货工作，保证检修期间的材料供应。

④ 负责监督检修作业票据以及相关票据办理工作。

⑤ 负责对作业人员遇到的问题进行技术指导。

⑥ 负责检修力量的协调调配工作。

⑦ 负责外协大修合同协议的洽谈、编制，签订全过程的质量管控。

⑧ 负责作业过程中检修质量的监督检查工作。

⑨ 负责组织相关人员对检修质量进行验收。

⑩ 负责组织动设备检修完毕后的单机试车工作。

⑪ 负责汇总每日及下发次日大修计划，并进行监督落实。

2.2.2 生产组

组长：主管生产部门负责人。

成员：生产技术处专工、质检中心负责人、车间工艺员。

职责：

① 负责停炉和开炉方案的编制工作。

② 负责组织各相关部门召开开车条件确认碰头会。

③ 负责开车前的原材料、产成品拉运协调工作。

④ 负责开车过程中的指挥工作。

⑤ 负责开车过程中的各项参数、数据收集工作。

⑥ 负责做好各项（动火、受限空间等）分析样的取样、分析工作。

⑦ 负责大修期间叉车、铲车、灰车的配备协调工作。

⑧ 负责检修完毕后的联动试车方案编制及组织联动试车工作。

⑨ 负责开车过程中的原材料、中间产品、产成品的分析工作。

2.2.3 安全组

组长：安全总监或主管安全部门负责人。

成员：安全专工、车间安全员。

职责：

① 监督检查各类检维修作业票据、方案办理情况。

② 监督检查各项检维修作业安全措施落实情况。

③ 负责检修作业前的安全技术交底工作。

④ 负责作业过程中的安全监控工作。

⑤ 负责协调检维修作业所需应急装备，保障检维修现场安全防护设施完好。

⑥ 负责外协施工单位的资质审核、培训教育、证件办理工作。

⑦ 负责协调外协单位进出厂区的沟通工作。

2.2.4 质量管控组

组长：大修负责人

成员：机械动力处专工、属地车间设备员、电仪车间设备员、机修车间设备员、外协施工单位负责人。

职责：

① 负责检修作业前备品备件尺寸的核实和准备工作。

② 负责依据验收标准对检修项目的施工质量进行验收。

③ 负责质量验收后不合格项目整改情况的复核工作。

④ 负责各施工项目验收记录填写情况监督工作。

⑤ 负责各检修项目施工过程中的技术指导工作。

⑥ 负责监督检查动设备单机、联动试车工作。

⑦ 负责各施工项目验收过程中影像资料的收集存档工作。

第 3 章

电石炉大修管理

3.1 看板管理

大修看板（图 3-1）是引导大修全流程安全作业的基础数据，记录大修过程所有的可控资料及参考资料、图纸。为大修结束后的效果评价及总结提供全面的数据支撑。

图 3-1　大修看板

3.1.1　网络进度图

机械动力处依据大修历史数据及大修开始时间，确定本次大修的检修周期及主线五个阶段的计划检修周期，并在每个阶段合理穿插实际大修项目清单，编制成终版的网络进度图，见图 3-2。实际大修开始后，属地车间设备员每天进行实际日历天数的标记，不同阶段使用不同的颜色进行标记，以此区分每个阶段实际的检修时间，为下次大修网络图的编制提供数据支撑。

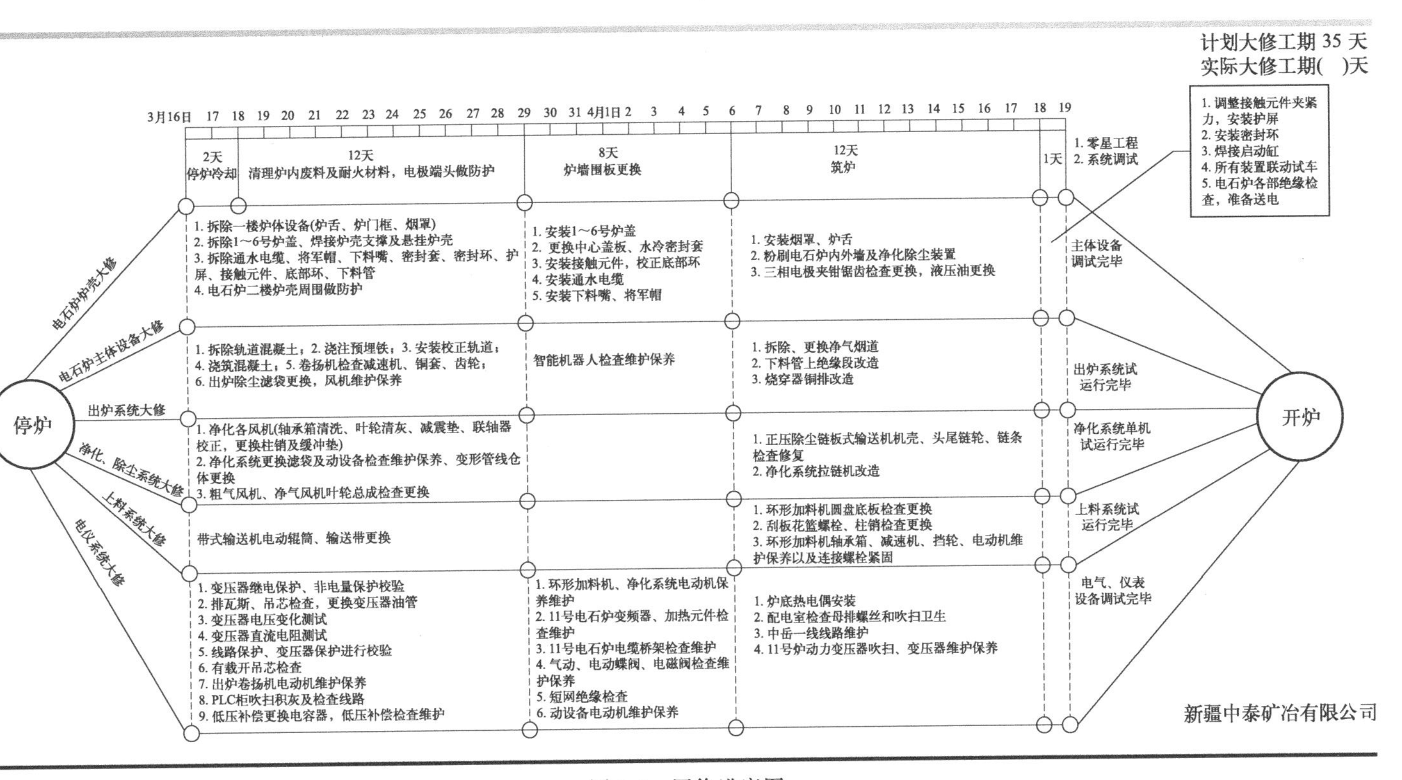
计划大修工期 35 天
实际大修工期(　)天
3月16日 17 18 19 20 21 22 23 24 25 26 27 28 29 30 31 4月1日 2 3 4 5 6 7 8 9 10 11 12 13 14 15 16 17 18 19
2天
停炉冷却
12天
清理炉内废料及耐火材料，电极端头做防护
8天
炉墙围板更换
12天
筑炉
1天
1. 零星工程
2. 系统调试
1. 调整接触元件夹紧力，安装护屏
2. 安装密封环
3. 焊接启动缸
4. 所有装置联动试车
5. 电石炉各部绝缘检查，准备送电
停炉
开炉
电石炉炉壳大修
电石炉主体设备大修
出炉系统大修
净化、除尘系统大修
上料系统大修
电仪系统大修
1. 拆除一楼炉体设备(炉舌、炉门框、烟罩)
2. 拆除1～6号炉盖、焊接炉壳支撑及悬挂炉壳
3. 拆除通水电缆、将军帽、下料嘴、密封套、密封环、护屏、接触元件、底部环、下料管
4. 电石炉二楼炉壳周围做防护
1. 安装1～6号炉盖
2. 更换中心盖板、水冷密封套
3. 安装接触元件，校正底部环
4. 安装通水电缆
5. 安装下料嘴、将军帽
1. 安装烟罩、炉舌
2. 粉刷电石炉内外墙及净化除尘装置
3. 三相电极夹钳锯齿检查更换，液压油更换
主体设备调试完毕
1. 拆除轨道混凝土；2. 浇注预埋铁；3. 安装校正轨道；
4. 浇筑混凝土；5. 卷扬机检查减速机、铜套、齿轮；
6. 出炉除尘滤袋更换，风机维护保养
智能机器人检查维护保养
1. 拆除、更换净气烟道
2. 下料管上绝缘段改造
3. 烧穿器铜排改造
出炉系统试运行完毕
1. 净化各风机(轴承箱清洗、叶轮清灰、减震垫、联轴器校正，更换柱销及缓冲垫)
2. 净化系统更换滤袋及动设备检查维护保养、变形管线仓体更换
3. 粗气风机、净气风机叶轮总成检查更换
1. 正压除尘链板式输送机机壳、头尾链轮、链条检查修复
2. 净化系统拉链机改造
净化系统单机试运行完毕
带式输送机电动辊筒、输送带更换
1. 环形加料机圆盘底板检查更换
2. 刮板花篮螺栓、柱销检查更换
3. 环形加料机轴承箱、减速机、挡轮、电动机维护保养以及连接螺栓紧固
上料系统试运行完毕
1. 变压器继电保护、非电量保护校验
2. 排瓦斯、吊芯检查，更换变压器油管
3. 变压器电压变化测试
4. 变压器直流电阻测试
5. 线路保护、变压器保护进行校验
6. 有载开吊芯检查
7. 出炉卷扬机电动机维护保养
8. PLC柜吹扫积灰及检查线路
9. 低压补偿更换电容器，低压补偿检查维护
1. 环形加料机、净化系统电动机保养维护
2. 11号电石炉变频器、加热元件检查维护
3. 11号电石炉电缆桥架检查维护
4. 气动、电动蝶阀、电磁阀检查维护保养
5. 短网绝缘检查
6. 动设备电动机维护保养
1. 炉底热电偶安装
2. 配电室检查母排螺丝和吹扫卫生
3. 中岳一线线路维护
4. 11号炉动力变压器吹扫、变压器维护保养
电气、仪表设备调试完毕
新疆中泰矿冶有限公司
图 3-2　网络进度图

3.1.2 项目明细

大修项目明细内容包含外协施工单位大修施工明细、机修车间大修施工明细、电仪车间大修施工明细、属地车间大修施工明细。大修过程中属地车间设备员，每日根据逐项检修的完成情况，填写实际开始时间及完成时间。

3.1.3 材料明细

依据大修检修项目创建的材料明细，属地车间设备员根据大修项目实际的材料消耗情况，每日进行汇总更新，以便核算大修实际的材料费用消耗，为后期电石炉大修费用预算提供数据参考。

3.1.4 临时用电记录

在大修过程中，每日检修作业开始前，由电仪车间操作人员依据临时用电管理要求，对现场的临时用电进行接拆，如实记录当日临时用电的接拆情况，并在每日的大修协调会议中通报当天临时用电过程中的问题以及相应的整改措施。临时用电记录单见表 3-1。

表 3-1　临时用电记录单

序号	使用单位	使用地点	使用设备	对应设备编号	接电时间	确认人	拆除时间	确认人	备注

3.1.5 循环水开关记录

循环水工艺管路的开关水记录工作由属地车间工艺员负责，每一路的开水和关水必须如实记录，防止设备出现缺水或者泄漏造成不必要的损失。电石炉循环水开关水记录单见表 3-2。

表 3-2　电石炉循环水开关水记录单

分水器名称	水路名称	开关情况	作业人	作业时间	属地车间工艺员确认	备注

3.1.6　电极安全检查记录

电极支撑和电极升降油缸进出口油阀开关记录由属地车间管理，具体由属地车间设备员进行记录，确保作业环境的安全可靠。把持器支撑放置及油缸油阀开关记录单见表 3-3。

表 3-3　把持器支撑放置及油缸油阀开关记录单

电极名称	支撑墩放置情况	放置时间	移除时间	油缸进出口油阀开关情况	关闭时间	开启时间	属地车间设备员确认	备注

3.1.7　盲板抽堵记录

盲板抽堵记录由属地车间管理，加装和拆除盲板由属地车间安全员进行跟踪记录，确保作业环境的安全可靠。盲板抽堵记录单见表 3-4。

表 3-4　盲板抽堵记录单

盲板位置	盲板编号	盲板加装时间	作业人	属地车间安全员确认	盲板拆除时间	拆除盲板编号	作业人	属地车间安全员确认	备注

3.1.8 设备停送电记录

设备停送电记录由属地车间管理，属地车间设备员依据每日动设备的停送电情况，进行跟踪记录，保证每项动设备检修安全措施有据可循。设备停送电记录单见表 3-5。

表 3-5 设备停送电记录

工序名称	设备名称	设备位号	停电时间	停电电工	送电时间	送电电工	备注

3.1.9 二楼作业布置图

电石炉二楼作业平面布置图根据车间布置实际情况由属地车间依据二楼实际检修情况绘制，确定拆除后的备件及备用备件、工机具定置摆放。

3.1.10 施工单位资质

施工单位资质由机械动力处大修负责人，依据承包商入场管理要求，将审核合格后的施工单位资质（见图 3-3）放置于大修看板上，保证施工

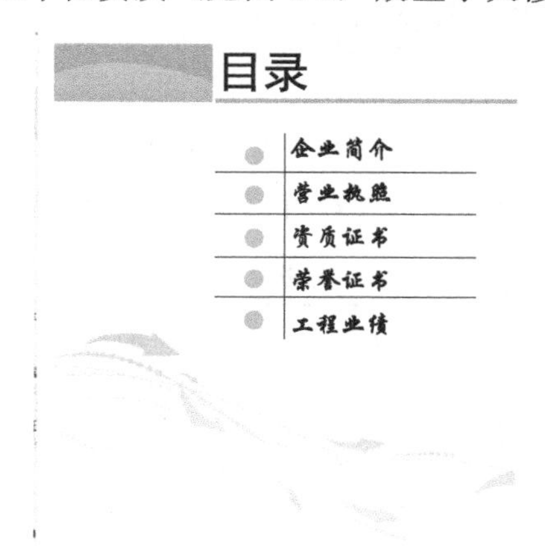

图 3-3 施工单位资质

单位的作业合规性。

3.2 其它管理

3.2.1 重点大修项目方案

重点大修项目方案经大修指挥人审批后实施，施工完毕后由机械动力处大修专工负责组织验收；其他大修方案由属地车间设备员出具，经机械动力处负责人审批后实施，施工完毕后属地车间设备员组织相关人员进行验收。

3.2.2 外协施工合同的洽谈与签订

外协施工的大修项目及大修时间确定后，机械动力处大修专工负责与外协单位签订施工合同（循环水管线更换、挖炉、筑炉等）。

3.2.3 大修图纸交接工作

机械动力处大修专工大修前到资料室借出相关施工图纸与施工标准，复印一份交予施工单位按照图纸标准进行施工。如有变更则机械动力处大修专工另外出具图纸，经大修指挥人审批后交施工单位进行施工。

3.2.4 试压记录

试压通水设备由属地车间设备员按照试压单填写试压压力标准、保压时间等相关参数，交机修车间设备员安排试压，试压合格后机修车间设备员通知属地车间设备员、机械动力处大修专工验收签字。

3.2.5 工机具管理

工机具清单见表 3-6。

表 3-6 工机具清单

设备名称	型号	单位	数量
直流电焊机	ZX7-400S	台	5
磨光机	GWS8-125	台	5
手拉葫芦	3 吨	台	10
手拉葫芦	1 吨	台	10
氧-乙炔切割机	—	台	5
二氧化碳保护焊接机	NBC-500	台	5
强力气动扳手	01131	台	5
手电钻、冲击钻	—	台	5
配电箱	—	台	5
千斤顶	—	台	5

3.2.6 工机具验收标准

（1）工业气瓶（图 3-4 和图 3-5）完好标准

图 3-4 工业气瓶示意图

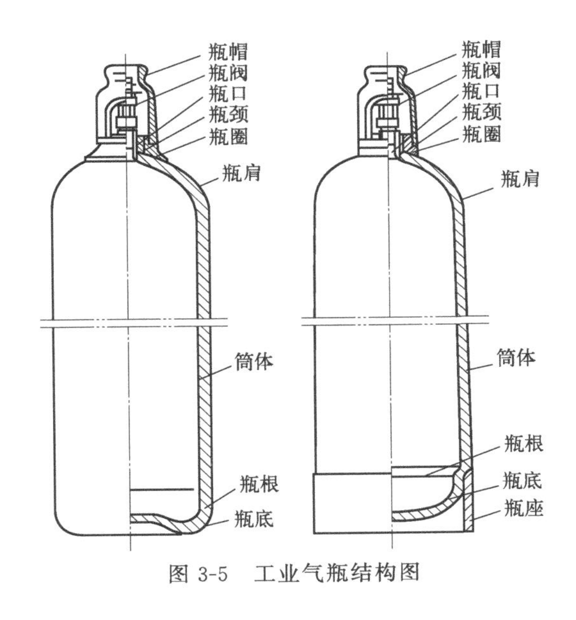

图 3-5　工业气瓶结构图

① 气瓶上必须有制造厂的原始标识钢印及定期检验钢印标志、检验色标，且字迹清晰可辨。

② 气瓶上应贴有气体生产标签、安全标签、出厂合格证等标签且内容信息完整齐全。

③ 盛装危险化学品的气瓶必须附有供货单位提供的危险化学品安全技术说明书。

④ 瓶体上新、旧标签不得同时存在。

⑤ 瓶体外观不得有腐蚀、变形、磨损、裂纹、重皮等严重缺陷。

⑥ 气瓶上的减压阀、瓶阀、瓶帽、回火防止器、防震圈（两个）等附件必须保持齐全完好。

⑦ 气瓶必须配备瓶阀手轮或专用扳手，且始终装在阀上。

⑧ 气瓶外观颜色必须符合所盛装的气体要求，氧气瓶瓶体为天蓝色，有黑颜色“氧”字样；乙炔瓶瓶体为白色，有红颜色“乙炔”字样。

⑨ 气瓶所装备的流量表、软管、防回火装置不得有泄漏、磨损、开裂及接头松动等现象。

⑩ 气带必须使用管箍牢固绑扎，不得使用铁丝等其它材料替代管箍，且气带不得沾有油脂，不得触及灼热金属或尖锐的物体。

⑪ 气瓶及附件外观应保持清洁、干燥，防止沾染腐蚀性介质、灰尘等。

⑫ 氧气瓶阀不得沾油脂，不得使用沾有油脂的工具、手套或油污工作服去接触氧气瓶阀、减压器等。

⑬ 瓶内气体必须留有剩余压力，且剩余压力应不小于 0.05MPa。

⑭ 气瓶必须在有效检定周期内，且检验合格，无检验超期现象。盛装氧气或乙炔的气瓶，每三年检验一次，盛装氮气或氩气的气瓶，每五年检验一次。

⑮ 气瓶应立放使用，并使用保护装置可靠固定。

⑯ 乙炔气瓶在使用前，必须先直立 20min，然后连接减压阀使用。

⑰ 气瓶必须设置防暴晒、雨淋、水浸及防撞措施，禁止敲击、碰撞气瓶。

⑱ 空瓶上应标有“空瓶”标签，已用部分气体的气瓶应标有“使用中”标签，未使用的满瓶气瓶应标有“满瓶”标签。

⑲ 气瓶应在通风良好的场所使用，如果在通风条件差或狭窄的场地里使用，应采取强制通风、气体检测等手段。

（2）磨光机（图 3-6 和图 3-7）完好标准

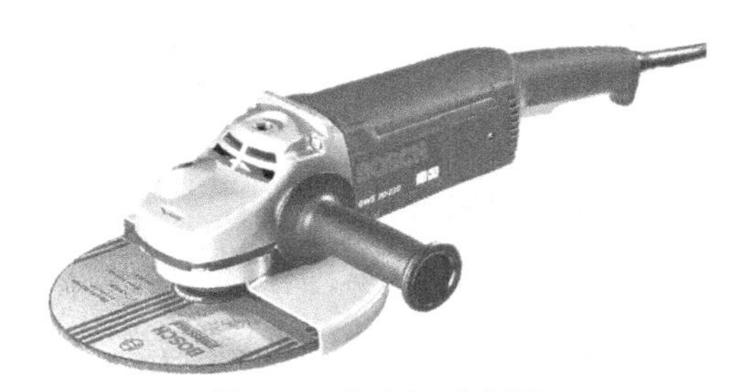

图 3-6 磨光机示意图

① 磨光机外壳、手柄无裂缝、破损。

② 磨光机电缆软线及插头等完好无损，开关动作灵活可靠；配用的电缆与插头应具有绝缘性能，不得任意更换；电缆若有接头必须用防水绝缘胶带绑扎紧固。

③ 磨光机有防护罩且防护罩牢固，电气保护装置可靠。

④ 使用前应检查磨光片（切割片）完好、无缺角；磨光片（切割片）

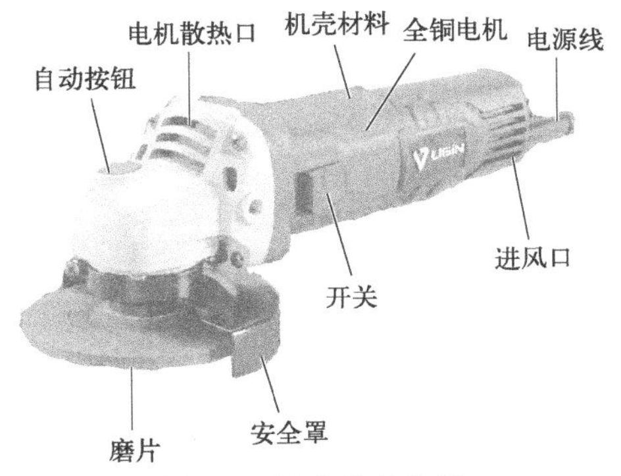

图 3-7　磨光机结构图

安装稳固；更换磨光片（切割片）时必须切断电源，确认无误后方可进行更换工作；更换必须使用专用工具，严禁乱敲乱打。

⑤ 磨光机启动后，应空载运转 30s，检查并确认灵活无卡阻现象，无异常杂音、螺钉等有无松动。

（3）手电钻（图 3-8 和图 3-9）完好标准

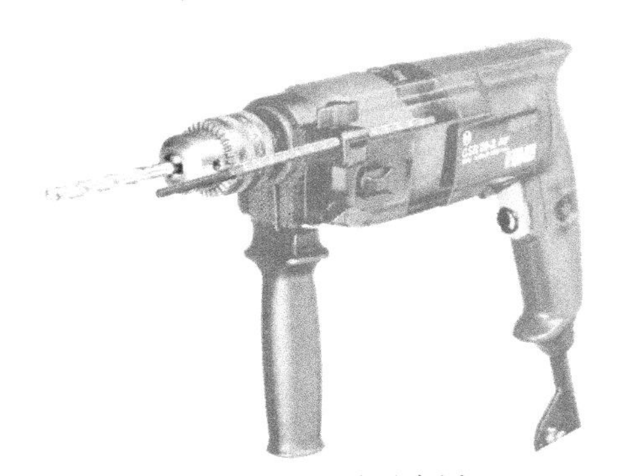
图 3-8　手电钻示意图

① 电源线连接可靠，无破损，相间、对地绝缘大于 500MΩ 的保护接零线连接正确，牢固可靠。

② 插头、插座完好，并且配合间隙适宜，不松动，工具软电缆或软线上的插头不得任意拆除或调换，插头金属部分无融化情况。三级插座的接地插孔应单独用导线接至接地线（采用保护接地的）或单独用导线接至接零线（采用保护接零的），不得在插座内用导线直接将接零线与接地线连接起来。

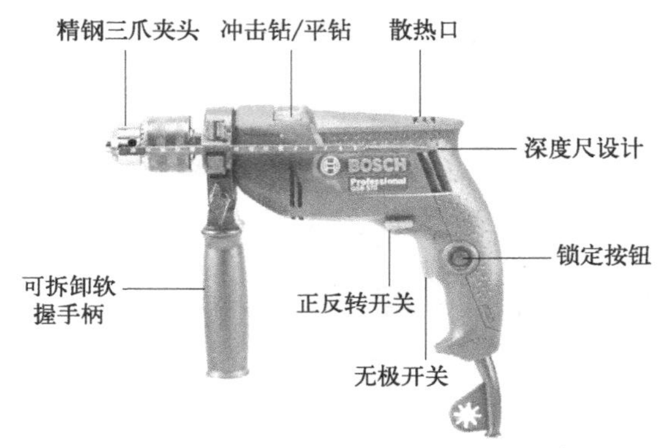

图 3-9　手电钻结构图

③ 外壳、手柄有足够强度，无裂缝和破损，开关动作正常、灵活，无缺陷、破裂，机械防护装置完好，工具转动部分转动灵活，无障碍。

④ 接入电源时配漏电保护开关，漏电保护开关按测试按钮在 0.1s 内动作，动作灵敏。

⑤ 钻头夹口完好，无破损，夹钻头紧固可靠。

（4）配电箱（图 3-10 和图 3-11）完好标准

图 3-10　配电箱示意图

① 电源线绝缘良好，摇表测试相间、对地绝缘大于 500MΩ 的电源线接头不能超过一个，防爆界区使用时不允许有接头。

② 配电箱内配线符合开关容量，配线整齐。一机一闸一保护，一个开关不得带多个设备。配电箱内使用空气开关，进线开关相间做短路防护，严禁使用刀闸。

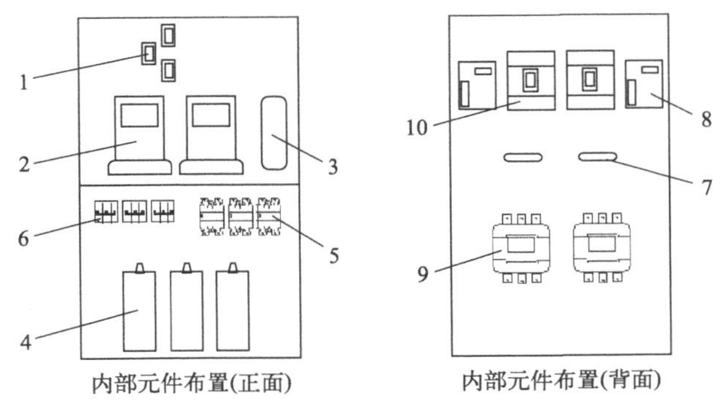

图 3-11 配电箱结构图

1—电流互感器；2—计量表；3—接线盒；4—电容器；5—切换电容接触器；6—小型断路器；7—零序互感器；8—漏电继电器；9—出线交流接触器；10—出线空气开关

③ 配电箱内开关按上下级保护配置，下级开关额定电流不大于上级开关。

④ 使用手持式电动工具时配电箱内配备漏电保护开关，漏电保护开关按测试按钮在 0.1s 内动作，动作灵敏。

⑤ 配电箱外壳完好，柜门与壳体之间使用 6 平方（直径 2.78mm）的多芯软铜芯线连接。

⑥ 非防爆配电箱配锁，不操作时处于上锁状态。防爆检修箱螺丝齐全，密封完好，电源线出线口用防爆胶泥进行封堵。

⑦ 户外配电箱焊接无缝隙，防护无破损。配电箱户外垂直放置，柜门关闭，与水源处保持 5m 以上距离。

(5) 电焊机（图 3-12 和图 3-13）完好标准

① 电源线、焊接电缆与焊机有可靠屏蔽保护，且防爆界区内禁止使用有接头的电源线、焊机电缆线。

② 焊机外壳无缝隙、无破损，垂直放置，与水源处保持 5m 以上距离。接地线（PE）接线正确，连接可靠。

③ 焊机一、二次绕组与外壳间绝缘电阻值不少于 1MΩ，检测记录规范，检测周期六个月一次。

④ 焊机一次线长度不超过 3m，且不得跨越通道使用。

⑤ 焊机二次线连接良好，绝缘橡胶外皮无老化现象，外皮破损包扎

图 3-12　电焊机示意图

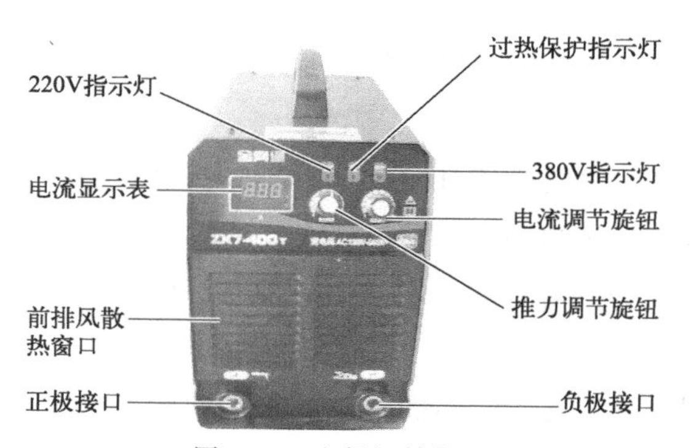

图 3-13　电焊机结构图

处理点不得超过 8 个，禁止断开重接；在使用中禁止拖、拉、砸、挂、烫；焊机使用时焊把线禁止缠绕在焊机上。在距焊钳 1m 以内不允许有接头。

⑥ 焊钳夹紧力好，绝缘可靠，隔热层完好。

⑦ 焊机、焊机使用场所清洁，无严重粉尘和水雾，周围无易燃易爆物。

(6) 切割机（图 3-14 和图 3-15）完好标准

① 必须配置专用拆、装切割片扳手。

② 夹具无裂纹，连接件完好。

③ 切割防护罩完好、无松动，切割片（或砂轮）完好、干燥，无裂纹、无缺口，固定牢靠。

图 3-14　切割机示意图

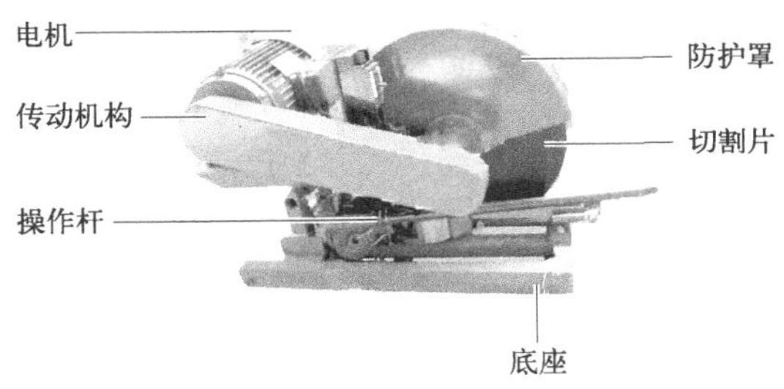

图 3-15　切割机结构图

④ 电源连接线牢靠、无裸露，绝缘线完好无损。

⑤ 传动三角带完好无损，搁架固定牢固。砂轮与搁架间隙不超过3mm、砂轮片磨损不超过原半径的1/3时，应立即更换。

⑥ 磨硬质合金的砂轮禁止磨铜、铝之类的软金属类，使用前试运行1～2min，确认正常后方可使用。

(7) 风镐（图 3-16 和图 3-17）完好标准

① 机体无裂纹和破损，滤风网无堵塞，螺丝、固定销齐全，无破损。

② 胶管接头滤风网和风镐头部的固定钢套内清洁。

③ 风镐钎尾端和钢套无偏斜，间隙合适。

④ 选用气管内径应为16mm，长度最好不超过12m，并保证管内清洁、干净和气管接头连接牢固可靠。

⑤ 正常工作气压为0.5MPa，正常工作时，每隔2h加一次润滑油（注油

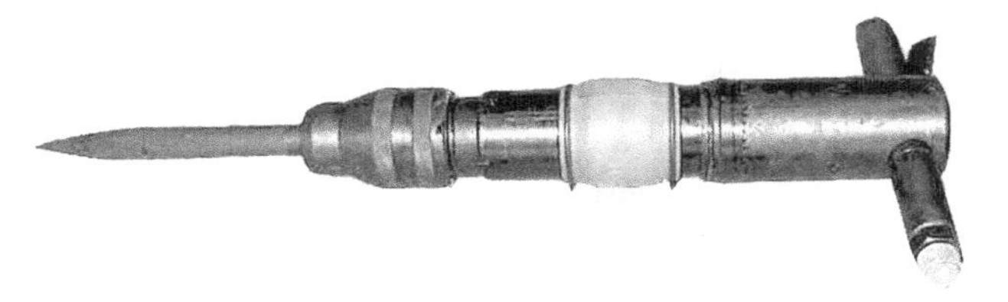

图 3-16　风镐示意图

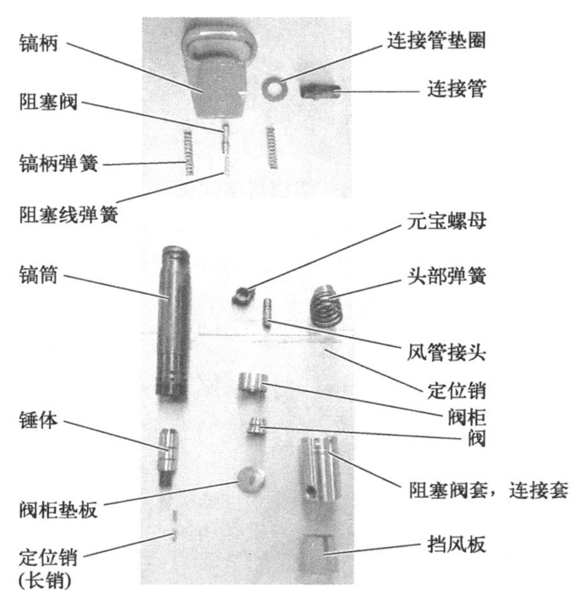

图 3-17　风镐结构图

时，先卸掉气管接头，倾斜放置气镐，按压镐柄，由连接管处注入)。

⑥ 风镐累计使用时间达到 8h 以上时，要进行清洗。

(8) 直梯（图 3-18）、（可）伸缩直梯、人字梯（图 3-19）梯子完好标准

① 梯子踏棍或踏板完好，两踏棍中心间距应不大于 350mm，使用前不得有泥土、机油或油脂附着。

② 梯身应保持完好，不得有破损、断裂、腐蚀、变形或可见裂纹，额定载荷应不小于 90kg。

③ 梯子安全止滑脚完好，采用防滑材质。

④ 伸缩梯的限位器必须完好，能够可靠定位及锁定。

图 3-18　直梯示意图

图 3-19　人字梯示意图

⑤ 梯子拉杆、铆钉、撑杆、螺母、螺栓、底脚等五金件必须完好无缺。

⑥ 伸缩梯的拉伸绳索和滑轮必须完好，用于滑轮的绳索直径不小于 8mm。

⑦ 固定到所有伸缩直梯、延伸梯和 2.4m 以上（含 2.4m）人字梯上的绑绳必须完好。

（9）千斤顶（图 3-20 和图 3-21）完好标准

图 3-20　螺旋千斤顶示意图

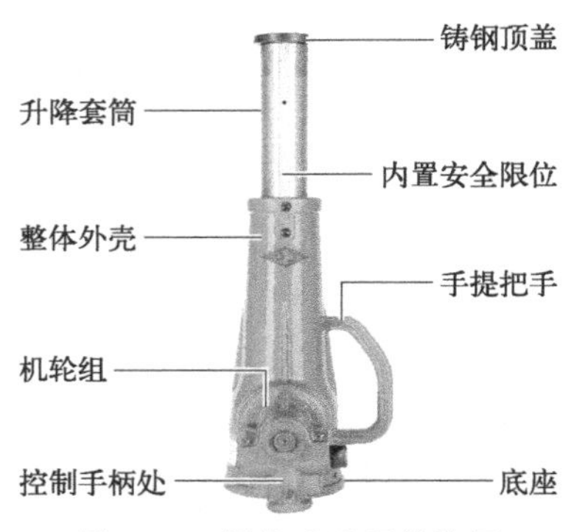

图 3-21 螺旋千斤顶结构图

① 标示：千斤顶起重载荷、受力和液压/杠杆长度标示清晰，无破损或遗失。

② 外罩：外罩无裂缝、变形、液压遗漏。

③ 缸体：无深度划痕（纵向深度不能超过 2mm）、裂缝及过度腐蚀、密封遗漏等现象。

④ 支架：转杆运行正常，支架无变形、破损及裂缝。

⑤ 负载帽：头部能够自由转动，无裂缝、破损及变形等现象。

⑥ 螺旋延伸：无螺纹变形、滑丝、裂缝、破损、扭曲等情况。

⑦ 杠杆：无变形、裂缝、破损等现象。

⑧ 液压管：接头完全锁紧，无滑丝，放气阀无橡胶破损遗失或造成漏油等情况，使用前进行试重试验，观察是否有泄压重物下落等情况。

（10）电动吊葫芦（图 3-22）、手拉吊葫芦（图 3-23）完好标准

图 3-22 电动吊葫芦示意图

图 3-23 手拉吊葫芦示意图

① 外观：吨位标示清晰完整，护罩完整无缺，壳体无变形、锈蚀。

② 本体结构：固定起重链的销轴无明显变形，固定牢固，齿轮无断齿，手链开口链颜色标示清晰，制动装置表面清洁，制动装置制动可靠。上下吊钩和起重链应悬挂顺当，不能歪扭。

③ 起重链条：链条无开焊，链无明显塑性变形（不大于原长的5%），链环直径磨损不小于直径的10%，无卡链现象，链条上应无油污现象。

④ 钩头：钩头磨损量应小于原直径的10%，钩头开度增加量小于原尺寸的15%，钩头扭曲偏差不大于5°，钩头转动灵活，钩头无裂缝。

⑤ 锈蚀及润滑：各结构部件无严重锈蚀，转动部位应润滑良好。

⑥ 手拉吊葫芦应在其额定起重量内工作，不许超负荷使用。

⑦ 手拉吊葫芦在垂直、水平或倾斜状态使用时，手拉链的施力方向均应与链轮方向一致，以防卡链或掉链。

(11) 吊篮（图3-24）完好标准

图3-24 吊篮示意图

① 钢丝绳：无损伤现象，无砂浆油污等情况，钢丝绳无断丝、锈蚀、死弯、化学腐蚀、笼状棉芯挤出、老化及磨损情况，钢丝绳夹无松动，数量达到标准。

② 保险绳：无断股、腐蚀、损伤等现象，保险绳与建筑物固定可靠

牢固。

③ 吊篮周围安全护栏间距不得大于200mm，吊篮底部钢板厚度不得小于3mm，护栏底部周围的踢脚板高度不低于100mm，防护栏有足够强度，吊篮总高度不得低于1200mm。

④ 吊装试验：吊篮在使用前应进行载荷试验，必须达到7倍以上的载荷，并确保安全无误后方可应用。

3.2.7 资料收集管理

大修期间涉及的所有单项记录、各类票据、方案及确认表签字完毕后均交给属地车间设备员收集，属地车间设备员最终统一交与机械动力处大修专工。生产转大修和大修转生产交接单签完字后由机械动力处大修专工统一收集。最终机械动力处将所有大修中的记录、现场测绘的图纸、签字验收单、施工方案、安全方案、大修明细、大修材料明细、大修网络图交给档案室存档。

3.2.8 大修总结工作

大修结束后机械动力处大修专工对整个大修工作进行总结，总结内容为：大修概述及费用控制、大修工作准备及完成情况、大修过程控制、大修工作中的不足、大修工作中的亮点。

3.2.9 考核与奖励工作

① 安全环保处、机械动力处、生产技术处在大修过程中对违章或者工作滞后等问题进行记录，待大修结束时按照制度考核相关责任人及部门。

② 安全环保处、机械动力处、生产技术处在大修过程中对积极加班和提前完成大修工作的部门进行记录，待大修结束时按照相关奖励制度进行奖励。

3.2.10 其它要求

① 机械动力处大修专工依据大修网络图主体施工进度节点合理协调安排施工，原则上不允许主体检修施工进度滞后。

② 停炉冷却浇水期间机械动力处大修专工全程跟踪，防止浇水量太多发生安全事故。

③ 筑炉期间每砌筑一层机械动力处专工依据砌筑技术要求验收一层。

④ 安全环保处落实检查检修前的置换、动火、登高作业等安全工作，并负责对现场安全措施以及安全作业进行监控。

⑤ 要求属地车间、机修车间、电仪车间每日在17点前上报次日的大修计划，机械动力处进行汇总下发，并落实次日的检修工作票、单项检修方案以及相关检修安全方案审批，交至检修负责人安排检修力量，保证检修工作按计划顺利进行。

⑥ 大修期间，每日17：30在指定地点召开大修碰头会，要求机械动力处组织生产技术处、安全环保处、属地车间、电仪车间、机修车间、外协施工单位大修负责人按时参加，如未按要求参加会议依据相关考核办法进行考核。

第 4 章

电石炉大修过程

4.1 电石炉生产转大修前工艺控制

4.1.1 停炉前准备工作

在电石炉运行状态可控情况下，可以执行以下停炉操作步骤。具体操作根据现场实际情况进行。

（1）停炉前 72h 准备工作

① 从接到公司停炉要求的通知开始，控制糊柱高度为 3500～4000mm，确保在停炉 48h 前，将糊柱高度控制在 3.5m 以内。

② 按照正常生产压放电极，将电极工作端长度控制在 2000mm 以内。

（2）停炉前 48h 准备工作

① 增加糊柱测量频次，每小时测量一次糊柱高度，确保糊柱高度控制在 3000～3500mm。

② 根据电极工作端长度压放电极，将电极工作端长度控制在 1800mm 以内。

③ 每班钎测电极次数增加一次。

（3）停炉前 24h 准备工作

① 停止三相电极加糊工作，每小时测量一次糊柱高度，糊柱高度控制在 2000～2600mm。

② 停炉前 24h，将电极工作端长度控制在 1600～1700mm。

③ 每班钎测电极次数增加一次。

④ 根据入炉量、发气量、出炉量，逐步降低配比，在停电前 10h 添加 200kg 石灰。

（4）停炉前 8h 准备工作

① 继续停止三相电极加糊工作，每小时测量一次糊柱高度，糊柱高度控制在 2000～2600mm，关注电极桶内糊面情况。

② 停止三相电极压放工作，电极工作端长度控制在1600mm以内，电极位置不得低于500mm。

③ 关注一楼出炉排铁情况，根据入炉、出炉量，在停电前5h添加200kg石灰。

④ 停炉前1h将料仓料位控制在1.5m以内（以刚看到锥形口为宜），打开料仓氮气阀门，防止料仓闪爆。

4.1.2 停电

① 以正常操作程序进行停电操作（净化系统手动控制运行，以不冒火、冒烟为宜）。

② 停电后按时活动三相电极。

③ 将所有料管针阀使用插针封闭，拆除二楼针阀以下料管，用导料槽放料至二楼料面，用人力车拉运至吊装口。

④ 料仓放空后，使用盖板将所有将军帽上口处盖好，同时在拆除将军帽及料嘴后必须使用盖板将料嘴孔盖好，防止检修人员在检修时出现安全事故。

⑤ 拆除电石炉通水设备之前，必须先对通水设备进行打水吹扫。确认通水设备内部无积水后，方可检修拆卸。

⑥ 所有开、关水操作必须由专人完成，并形成专项记录。

4.1.3 大修前注意事项

① 电极工作端长度控制较短后，配电工控制电极位置在450mm以上，避免底部环与炉料接触。

② 环形加料机料仓料位控制较低后，四楼巡检工查看料仓时，必须佩带CO便携式报警仪，配电工将炉膛压力控制在－20Pa左右，避免人员中毒。

③ 停炉前净化工将炉膛压力控制在－20Pa至－30Pa，避免环形加料机料仓料位过低，发生闪爆（必要时电石炉降至1挡，退出净化）。必须保证四楼散点除尘正常运转。

④ 停炉前开始降低电石炉配比，出炉前需认真检查炉眼下方电石锅是否有漏洞，锅底是否垫好，避免因出炉量大造成锅底击穿。每个炉眼下方至少保证有十个空电石锅，避免出炉量大时电石锅数量不足。

⑤ 停炉前 8h，根据电流波动情况，调整出炉频次，避免出现翻电石以及电石流速大，炉眼无法封堵电石流轨道等情况。

⑥ 停炉后，确保炉眼封堵结实。炉眼冷却 6h 后，使用黄泥将炉眼堵平，保证挖炉工作正常开展。

⑦ 停炉后，最后一次测量糊柱高度，并做好记录。

4.2 电石炉大修过程管控

电石炉大修依据主线施工进度，划分为五个阶段，每个阶段施工作业中，根据实际的进度情况，合理穿插附属设备的检修，保证所有的检修项目在主线结束时，全部检修完成，电石炉具备送电条件。

4.2.1 冷却降温阶段

冷却降温阶段主要对电石炉二楼的三相电极密封套、中心炉盖、炉盖、通水电缆、接触元件、底部环进行拆除。电石炉一楼需拆除出炉烟罩、烟道、炉舌、挡火屏。冷却降温阶段检修穿插项目见表 4-1。

表 4-1 冷却降温阶段检修穿插项目

阶段划分	施工区域	施工项目穿插
第一阶段	电石炉一楼	轨道修复、炉舌拆除、烟罩和烟道拆除、卷扬机检查保养、出炉机器人拆除
	电石炉二楼	拆除二楼炉盖板、密封套、护屏、底部环、接触元件、通水线缆；炉渣下料口制作安装，照明灯拆除、加装轴流风机
	电石炉三楼	电极加热元件及风机保养，传感器保养

4.2.2 清炉阶段

清炉作业工机具见表 4-2。

表 4-2 清炉作业工机具清单

	人员需求	工机具需求
工机具及人员配置	16 人	铁锨 8 把、钢钎 4 根、17 型挖掘机 2 台(一台大臂加长)、皮带输送机 2 条、轴流风机 6 台、65 型挖掘机 1 台、150 型挖掘机 1 台

(1) 清炉作业

① 疏散二楼无关人员，关闭电焊机等非防爆电气设备，切断电源。

② 浇水期间投运净化系统，将电石炉循环冷却水或消防水采用橡胶管接至电石炉内，对电石炉料面进行冷却，将冷却水均匀喷淋在炉料上，时间为 5～30min。作业期间密切关注气体检测仪的变化，质检中心分析作业面空间乙炔气体的含量，严格控制指标。

(2) 炉膛浇水

① 采取勤浇少浇。

② 火苗过大，超出炉盖板时停止浇水。

③ 不着火时立刻停止浇水，浇水过程中必须保证炉膛内有火苗，防止 CO 或易燃气体聚集闪爆；炉膛内浇水前利用钢钎扎空便于 CO 或易燃气体排出，要求浇水完毕需层层剥离。

④ 料面喷淋水结束后停止作业，待炉内有易燃易爆气体燃烧完毕，方可开始作业。

(3) 清理废料

① 由 2 台 17 型挖掘机（一台大臂加长）将炉内挖出的废料放置到皮带输送机上，由皮带输送机直接输送至电石炉吊装口，倒运至车内，这期间由属地车间使用人力车将散落的废料进行清理，生产技术处安排倒短车辆将废料清运到指定位置。二楼料面挖掘机和人工清理废料示意图分别见图 4-1 和图 4-2。

② 清理完毕后，按照之前作业步骤对炉内进行再次注水，分层清理，直至清理至炭砖层。

图 4-1　二楼料面挖掘机清理废料示意图

图 4-2　二楼料面人工清理废料示意图

（4）清理硅铁

① 对 1#、2#、3# 炉眼利用炉内废料进行封堵，避免跑眼或者漏水。

② 将电石炉循环冷却水或消防水采用橡胶管接至电石炉内，开始浇水作业，浇水期间必须时刻对电石炉一楼进行巡检，发现炉眼有漏水现象，立刻停止浇水作业，浇水过程中炉膛内必须点火，避免 CO 集聚闪爆。待炉膛内水蒸发结束后，按照上述要求继续浇水，直至炉膛内水量不再蒸发。

③ 40.5MV·A 电石炉开 1 个清理通道，使用 150 型挖掘机对炉内硅铁层及炉底耐火材料进行免爆，由 65 型挖掘机负责将免爆后的废料清理出炉膛，再由铲车及倒短车辆负责清运废料，保证作业面具备持续施工

条件。

炉底废料清理示意图见图 4-3。

图 4-3　炉底废料清理示意图

清炉阶段检修穿插项目见表 4-3。

表 4-3　清炉阶段检修穿插项目

阶段划分	施工区域	施工项目
第二阶段	电石炉一楼	冷坡厂房地面修复、轨道修复，烟罩和烟道拆除、卷扬机检查保养、行车保养，加装炉缸支撑腿，开闭模基础、电极端头做防护
	电石炉二楼	净化变形管道更换、风机保养、刮板机保养、热电偶温度计检查、炉缸加装牛腿
	电石炉三楼	电极加热元件及风机保养、传感器保养、出炉机器人维护保养、料仓修复、液压系统检查保养、变压器保养、净气烟道墙拆除
	电石炉四楼	输送机保养、环形加料机保养，荒气烟道蝶阀、净化系统阀门拆装

4.2.3　炉墙板更换阶段

(1) 炉墙板确认割除区域

炉墙板割除位置和出炉口割除位置分别见图 4-4 和图 4-5。

① 炉墙板烧穿区域。

② 炉墙板变形严重区域（变形高差±10mm）。

图 4-4　炉墙板割除位置示意图

图 4-5　出炉口割除位置示意图

③ 炉眼中心线向两侧各延伸 2.1m，高度从炉墙底板向上 3.95m 区域（加宽通水炉墙）。

（2）炉墙板检修步骤

① 电石炉二楼炉盖下沿处，加装支撑 12 块，具体依据图纸进行施工。

② 电石炉一楼炉缸周围加装 6 根支撑立柱，具体依据图纸进行施工。

③ 根据炉墙现场围板变形尺寸画出割除面积，检修人员在被割除的炉缸围板上方焊接吊耳 2 个（分别为吊耳 A、吊耳 B），检修人员在

被割除的炉缸围板中上方垂直于吊耳A处焊接吊耳（分别为吊耳C、吊耳D）。

④ 检修人员分别将两个3t手拉吊葫芦悬挂至吊耳A、B处，吊钩分别挂在吊耳C、D处，待手拉吊葫芦吃劲后，检修人员对变形围板进行割除。

⑤ 待所有需割除的点割除完毕后，用撬杠撬动使其松动之后，利用手拉吊葫芦缓慢将其吊出放至指定位置。

⑥ 利用上述方法割除1#至3#炉眼之间炉缸，便于挖炉工作；利用两个3t手拉吊葫芦将其吊出，移至指定位置。

⑦ 依据割除炉缸围板面积，进行下料。

⑧ 割除炉底板一周焊缝，将炉底板分块从割除的炉缸围板处吊出。

⑨ 将炉底工字钢全部吊出，生产人员将炉底电石、承重梁积灰清理干净。

⑩ 检修人员依据图纸要求安装工字钢，安装完毕后校正水平度（为调平炉底工字钢排架顶水平标高与水平度，可在工字钢底部用垫铁找平，找平后须将工字钢底平面与基础全部垫实，垫铁与工字钢底部、垫铁与基础预埋板、垫铁间须按相关要求施焊），底排架所有工字钢的上顶面应在同一水平面上，其允许偏差为3mm。

⑪ 检修人员利用半自动切割机将炉底板材切割45°单面坡口，材料准备完毕后铺设炉底板（按照与拆除时的相反步骤进行安装），炉底板拼接完毕后进行焊接，要求单面焊双面成型，焊缝平整，其平面度正负公差不得大于16mm，炉底板必须平直，与工字梁接触良好，不得有翘曲现象。

⑫ 检修人员按照拆除时的相反步骤安装炉缸围板（通水炉墙提前预制焊接），将板材吊装至合适位置，用气割将板材切割成45°双面坡口，对接板材时横平竖直，焊缝处清除板条坡口的氧化渣，且用磁性吊线坠验证垂直度，误差允许范围±6mm。

⑬ 检修人员对炉墙水路管线进行通水，具体依据图纸要求进行施工。

⑭ 通水试漏，对漏水点进行补漏消缺。

炉墙板安装示意图和通水炉墙预制分别见图4-6和图4-7。

图 4-6　炉墙板安装示意图

图 4-7　通水炉墙预制

炉墙板更换阶段检修穿插项目见表 4-4。

表 4-4　炉墙板更换阶段检修穿插项目

阶段划分	施工区域	施工项目
第三阶段	电石炉一楼	美化亮化、冷坡厂房地面修复、炉墙板安装、轨道修复、气动道岔加装、挡火屏修复、出炉机器人安装、开闭模安装、铜排改造安装
	电石炉二楼	美化亮化、线缆积灰吹扫，安装炉盖板、密封套、护屏、底部环、接触元件、通水线缆，安装吊具，净化变形管道更换、除尘布袋更换、料面机维护保养，照明灯安装

续表

阶段划分	施工区域	施工项目
第三阶段	电石炉三楼	美化亮化、变压器保养、液压系统检查保养、安装单梁、低压补偿及高压补偿柜保养
	电石炉四楼	美化亮化、输送机保养、环形加料机保养、安装净气烟道1～9段，烟道搭设脚手架

4.2.4 筑炉阶段

4.2.4.1 筑炉作业准备

(1) 施工前准备

① 落实及完善施工工地具体情况，绘制施工平面布置图。

② 按平面图设计施工用临时设施、消防设施、保卫设施，对施工道路进行必要修整。

③ 对施工图自审、会审，及时解决和完善设计中存在的问题，向施工人员讲解施工前的技术质量要求，向施工人员进行安全等方面交底。

④ 编制施工进度，编制各项材料进场顺序计划。

⑤ 按设计要求组织设备、机具进场，做好设备的组装、调试、检修、保养等工作，使设备运转正常，功能完好。

(2) 施工材料的准备

① 有关筑炉施工用的工器具准备齐全，符合施工要求。

② 筑炉材料全部运入施工现场，验收合格。

③ 自焙炭砖必须经预砌组合并编号，且附有预砌详图和预砌检验记录。

④ 电石炉炉衬用的耐火砖（高铝砖、黏土砖）必须认真分选配层，同层砖的厚度差不得大于1mm，并记有配层标志和记录。

⑤ 砌筑炭砖时，电石炉各部位砌体的砖缝厚度：自焙炭砖水平缝、垂直缝≤1mm，环缝≤1.5mm；高铝砖、黏土砖≤2mm；炉门砖≤2.5mm。

(3) 施工场地和工器具的准备

① 施工场地必须周密考虑，妥善安排。制备细缝糊、粗缝糊焦粉的

烘干、粗缝糊炒料等用加热设备都应放在电石炉附近敞井的一侧，炭砖和高铝砖等施工用砖应分类堆于炉区内。

② 施工用工器具及设备准备齐全，如焦油脱水设备、粗缝糊炒料用加热设备、砌筑加工工具及设备（齿形耙、铁锤、千斤顶、喷灯、盛糊桶及小勺等）准备齐全方可施工。

（4）施工前检查工作

① 炉壳的测量检查：电石炉在筑炉开始前，先测量炉壳直径、炉壳高度、炉壳椭圆度、炉底平整度，做好记录，在砌筑过程中做到心中有数，大的公差应与甲方商量解决办法。

② 筑炉前安排一组人员把筑炉所使用的各种材料清点一遍，把所有高铝砖、黏土砖进行选号配层，不合格的砖清点掉（缺角、扭曲、裂纹、熔洞），另一组人员配制磷酸盐水泥砂浆，搭建炒料盘等。

4.2.4.2 筑炉作业过程

（1）炉底的找平

① 炉子在砌筑前必须进行找平，不论是新旧炉壳，炉底找平不可缺少。先用卷尺测量找出炉底圆心。

② 用激光水平仪测量炉底各处的高程，测量点标记在炉壳上，炉底测量点设置 15～20 个，标注完后按测量点拉细线绳先找平点，然后进行大面积找平，用木抹子随倒料随找平，最后用 2m 长铝合金尺竿刮平到标高位置。

③ 用 0～5mm 粒径的耐火骨料混合后作为找平材料，按比例干拌均匀，上层及炉缸周围铺设 2 层热盾板。炉底水平度测量和炉底浇筑料找平示意图分别见图 4-8 和图 4-9。

（2）泥浆的准备

泥浆池先加一半的水，再加入总水量 1/4 的磷酸，将水与酸充分混合均匀，再回入黏土火泥，加入量视情况而定，然后困料 24h 后即可使用，使用时用搅浆器充分搅拌，装桶即可使用。

（3）炉底找平并铺热盾板

① 将激光水平仪放置于炉底中心点，标出炉壁周围各点的高程，对于炉底平整度太差，高低之差超过 20mm 的，先用颗粒直径 0～3mm 的

图 4-8　炉底水平度测量示意图

图 4-9　炉底浇筑料找平示意图

骨料找平，再铺热盾板。

② 若炉底基本平整，高差小于 20mm 的，直接铺热盾板。铺热盾板时应轻拿轻放，避免折断，铺时应先从中间开始，若铺两层应该错开第一层缝隙。同时，炉壳立铺热盾板两层，热盾板必须紧贴炉壳，两层热盾板应当错缝铺设，两层热盾板之间的错缝距离，按顺时针方向，第二层

移动>150mm。

(4) 砌筑耐火砖

① 热盾板铺完后开始砌黏土砖，此时应通知机械安装人员安装热电偶。

② 砌筑前，必须在炉底中心点，用激光水平仪找出第一层砖砌筑的高度，跨过中心点拉出绳线，两端固定好，作为第一道线的规绳进行砌筑，砌筑要求每道砌都靠规绳，砌出的砖横平竖直。

③ 炉底最下边的一层黏土砖干砌，干砌使用硅铝细粉充填砖缝，用扫把不停扫粉，使砖缝内细粉充填密实。与炉壳相连的周围的缝隙，必须用半干半湿的高铝浇筑料填充，再用铁锤砸实。

④ 结合目前气温状况，为了便于炉底尽快干燥，炉底的5层黏土砖全部干砌，其上的6层高铝砖全部湿砌，用磷酸盐泥浆，采用挤浆法砌筑。

⑤ 凡是砌过的砖，应保证泥浆饱满，没有花脸现象，竖缝、放射缝应小于2mm，水平缝不大于2mm，砌完后用2m长靠尺检查砌体平整度，误差不大于5mm。砌第二层应错30°～45°角，以此类推。炉底耐火砖共11层。

炉底黏土砖干砌和炉底高铝砖湿砌分别见图4-10和图4-11。

图4-10 炉底黏土砖干砌示意图

图 4-11　炉底高铝砖湿砌示意图

（5）砌筑炉墙大砖

① 在砌筑前，先紧靠炉壳错缝铺两层热盾板，接下来开始砌筑，必须从中心点向两边砌，才能保证上下两层不重缝。每层砌到最后砌合门时，应量出精确尺寸，用切砖机切出需要的大小砖块，镶砌合门。

② 当砌完一层合门砖时应交错位置，不能在同一点合门，避免重缝。一层一层砌墙砖，直到 16 层，高约 1.3m。

（6）烘炉

待炉墙砖砌筑（见图 4-12）至 1.3m 高时，停止砌筑，开始烘炉，烘

图 4-12　炉墙砖砌筑示意图

炉的目的：一是排除砌体中的水分，对开炉生产有好处，不会因水蒸气而影响炭砖质量；二是烘炉后砌体整体有一定强度，像钢箍一样，箍紧炉壳，在砌炭砖过程中不会因打木楔子或千斤顶顶炭砖时，使周围的墙砖松动或移位。烘炉时间一般 16h，烘炉结束后清理炉内积灰，准备砌炭砖。

（7）磨炉底

首先用激光仪对炉底进行找平，然后进行炉底磨平，使用干式磨光机对炉底反复打磨。边打磨边用靠尺检测，确保炉底平整，高低误差不超过 3mm。炉底高铝砖磨平之后，将炉底积尘彻底打扫干净。炉底打磨见图 4-13。

图 4-13　炉底打磨示意图

（8）砌炭砖

① 炉底炭砖满铺的砌筑从炉子中间开始。测量整个炉底的直径，量出中心线和第一排、第二排炭砖的摆放位置，严格按照图纸炭砖编号，将炉底炭砖全部吊到炉内，进行预砌。

② 炭砖之间以及炭砖与高铝砖之间的缝隙用正反木楔顶紧，见图 4-14。按第一排炭砖的实际砌筑位置用 $14^{\#}$ 槽钢固定。每层炭砖砌筑完成后，炭砖与炉墙高铝砖之间环缝使用粗缝糊填充，并打夯固定，

见图 4-15。

图 4-14 炉底炭砖砌筑示意图

图 4-15 环炭缝打夯示意图

③ 将中间的 3～4 块炭砖移开砌筑位置，在炉底表面均匀涂抹薄层炭糊，炭糊的厚度不大于 3mm，然后砌炉中心的第一块炭砖。测量第一块炭砖上表面的水平度、垂直度，以此砖作为第一排炭砖的基准，然后向两侧逐块砌筑。第二层炭砖应与第一层炭砖错开 45°～60°。

④ 在砌第二层炭砖时应通知机械安装人员，安装取压装置及烧穿器地线板。烧穿器板应与炭砖接触严密，不能有松动现象。

⑤ 第三层炭砖砌筑，应与炉口刚玉砖、炭化硅砖、出炉口槽中半石墨炭砖-碳化硅砖相结合砌筑，半石墨炭砖-碳化硅砖结合部用刚玉捣打料，捣实后再挂炉嘴，此处是炉衬中最薄弱、最关键的地方，应特别注意，一定处理好。

(9) 炉门砖的砌筑

① 应从炉底炭砖第二层把炉腿先砌出来，从炉门中心线到炉底中心点拉一条直线，从中心线向两边分出炉口尺寸，再确定好炉口宽度，以此作为基准砌筑。炉门砖砌筑见图 4-16。

② 灰缝应严格控制在 1mm 以下，炉门砖拱上方用刚玉浇筑料捣打，使其与上方大墙的高铝砖水平缝衔接平整。

图 4-16　炉门砖砌筑示意图

③ 炭砖砌体与环砌高铝砖之间的缝隙用碳素填充料捣固。应在第一层炭砖砌筑完毕，所有砌缝合格后，进行分段，每个区段 1.2～1.5m，拔出木楔，清理间隙中的木片等垃圾杂物，然后按碳素填充料的施工工艺进行操作。

④ 将袋装的碳素料（粗缝糊）拆封，均匀摊铺在加热炒料盘上，用铁锹翻动搅拌均匀，使碳素料加热到 60～80℃。然后用小铁筒将加热均匀的碳素料倒入要填充的缝隙中，每次铺料厚度 100～150mm，用风镐连续捣固，采取“走半幅压半幅”的方式进行捣打，捣打三遍，再在其上填充热炒的碳素料。

（10）炉膛高铝砖砌体的砌筑

① 按图纸设计说明和电石炉砌筑施工验收规范的有关规定，炉墙高铝砖采用高强泥浆挤浆法砌筑，耐火砖砌体的灰缝必须严格按要求执行，饱满度在 95%以上。

② 当大墙砖高出第三层炭砖 5 层以上时，紧靠炉壳砌筑，砌筑时应检查砌体的水平度，必要时可对原砌体进行磨砖找平。

③ 此段砌体的中心点，以三个电极的极心圆找点，有的以炉壳半径找中心点，无论采用哪种方法都必须保证炉膛内径尺寸合格，整体砌体都必须垂直、水平，没有重缝现象，随砌筑随检查随勾缝，避免使用磷酸盐泥浆造成流淌、空缝。

（11）环炭砖的砌筑

① 环炭砖的砌筑（见图 4-17）应按炭砖在生产厂家预砌时的编号，在两个炉门之间按顺序号干摆在砌筑位置上，每隔 5～6 块砖预留 1 块用木楔固定，整环预砌完毕，木楔在环缝处固定后，即开始砌筑。

图 4-17 环炭砖砌筑示意图

② 先从起点处砌筑，沿砌筑面涂抹薄层炭糊后将炭砖来回挪动 1 次，使砌缝炭糊饱满，每砌 5～6 砖用千斤顶顶一次，用千斤顶顶紧之前，高铝砖和炭砖之间的缝隙用正反木楔楔紧。

③ 检查砌体中竖缝、放射缝是否符合要求，符合标准后继续砌筑。注意调整砌体的椭圆度及每块炭砖的垂直度，检查砌体的半径偏差。

（12）炉底碳素层的捣固

① 在捣打炉底碳素层之前，先将 30L 柴油倒入铁筒中，用干净的拖把将炭砖表面拖洗干净，炭砖表面油渍擦干，不允许有积油，再将炒热的粗缝糊料平铺 100～150mm，用平整震动器压两遍，然后用风镐或电夯再压两遍。炉底粗粉糊打夯和环炭砖粗粉糊打夯分别见图 4-18 和图 4-19。

② 重复同样的铺料方法铺料，再捣打，使厚度达到要求，一直捣打至炭捣料表面光亮密实、炉底平整。同时，将大量炒料倾倒在环炭砖上，打出一个坡度为 45°的斜坡，完全将环炭砖埋在炒料下边，用风镐将斜坡捣打密实，表面打出光泽。

③ 斜坡与炉底的衔接处平滑密实，炉底铺料厚度一般是中间高，出炉口稍低，有一定坡度即可。

图 4-18　炉底粗粉糊打夯示意图

图 4-19　环炭砖粗粉糊打夯示意图

筑炉阶段检修穿插项目见表 4-5。

表 4-5　筑炉阶段检修穿插项目

阶段划分	施工区域	施工项目
第四阶段	电石炉一楼	美化亮化、冷坡厂房地面修复、通水炉墙板安装、烟罩安装、烟道安装、轨道修复
	电石炉二楼	美化亮化、循环水管线焊接安装、电石炉打绝缘、线缆积灰清理，检漏系统安装、安装净气烟道 1～9 段、净化沉降仓安装氮气炮
	电石炉三楼	美化亮化、烟道安装、墙体恢复、三楼半安装通风蝶阀
	电石炉四楼	美化亮化、除尘器检查、烟道拆除脚手架

4.2.5 调试阶段

① 设备安装并不能以施工结束作为标准，设备的调试、测试以及试运行、验收等，都属于设备安装项目管理中的重要流程。设备安装调试则更多地牵涉到人、机、料、能等单项管理的协调。

② 设备安装过程通常包括三个环节：安装准备计划、准备、安装。

③ 正式安装前，设备安装人员应结合以往实务经验拟定计划，对机电设备安装选址、设备进场以及组织安排等作好细致的规划，合理预测安装过程中可能遇见的困难，并提出应急预案。

④ 安装前的准备工作。主要是检查所需材料、配件等是否齐全，质量是否达标。如设备安装地点电力布置是否合理、设备螺母有无松动现象等。

⑤ 设备安装过程中，保证人员人身安全是第一要务，安全帽、绝缘手袋等装备齐全；其次应当就设备零部件及附属装置作好外观质量检查。安装要依据拟定计划分工协作、定岗定责。完成任务后，再对设备的完整性、安全性作初步的检查。

（1）设备调试

① 设备安装好之后，后续工作就是尽快地使设备投入生产。要实现这一目标，调试是必不可免的过程。充分细致的设备装配检查是设备调试工作顺利完成的基础与前提，调试前需要再次对设备装配的完整性、安全性以及安装条件等作好检查工作。设备调试的内容主要包括：设备使用性能、工作质量以及运行是否正常等。调试过程中，相应机械技术人员与辅助人员须按时足员到位，在调试过程中进一步熟悉设备的操作要领、基本程序以及各项功能控制方法。

② 调试过程应有专门人员对设备调试的各项步骤进行记录。通过对设备安装经验的系统总结，可比较客观地归纳出设备的基本运行状态及特征。也可以为将来设备运行中可能出现的各种技术问题解决提供一手资料，对于设备的升级改造也能起到积极的辅助作用。

③ 在设备的调试过程中，必须遵循两项基本原则：其一，“五先五

后”原则，即先单机后联调、先就地后遥控、先点动后联动、先空载后负载、先手动后自动。其二，“安全第一”基本准则，人身安全与设备安全必须放在第一位考虑，不能急于投产或疏忽大意而淡化安全调试的重要性。

（2）单机试车

单机试车是检查设备在动态下的转速、温度、电流、噪声等有无异常，单机试车应具备下列条件。

① 单机传动设备（包括辅助设备）经过详细检查，润滑、密封油系统已完工，油循环达到合格要求；施工记录等技术资料符合要求，经“三查四定”检查已确认，存在问题已消除。

② 单机试车有关配管已全部完成。

③ 试车有关的管道吹扫、清洗、试压合格。

④ 试车设备供电条件已具备，电气绝缘试验已完成。

⑤ 试车设备周围现场达到工完、料净、场地清。

⑥ 试车小组已经成立，试车技术人员和操作人员已经确定。

⑦ 试车记录表格已准备齐全。

（3）联动试车

① 装置内工程已按文件规定的内容施工并验收。

② 装置内设备、管道的冲洗、吹扫、压力试验、气密试验已全部完成并合格。

③ 所属动设备单机试车合格。

④ 联动试车界区内的电气系统、DCS 系统、仪表装置的检测、联锁、自控系统及报警系统已全部安装并调试合格。循环冷却水、蒸汽、仪表、电等公用工程已具备使用条件。正常操作的工艺指标、报警及联锁值均已确定并下达。

⑤ 已按化工投料前安全条件确认表确认完毕。

⑥ 制定合理的试车方案。

⑦ 联动试车应划定试车区域，无关人员不得进入。

调试阶段检修穿插项目见表 4-6。

表 4-6 调试阶段检修穿插项目

阶段划分	施工区域	施工项目
第五阶段	电石炉一楼	美化亮化、地面修复、挡火墙安装、启动缸安装，所有动设备调试
	电石炉二楼	循环水管线通水，所有动设备调试
	电石炉三楼	所有动设备调试
	电石炉四楼	美化亮化，所有动设备调试

4.2.6 大修过程其他工作

(1) 单机调试记录表

按照单机试车的要求电仪车间负责测动设备电动机电流、电压，机修车间负责测设备轴承温度、径向和轴向振动值，并将数据记录在记录表上。机修车间设备员、电仪车间设备员、属地车间设备员检查验收签字，机械动力处大修专工抽查真实情况。

(2) 各部位绝缘测试确认表

开炉前机修车间将电石炉涉及的所有绝缘部位检查并做绝缘处理，由机修车间设备员交与属地车间设备员，属地车间设备员落实检查绝缘情况，机械动力处大修专工进行抽查。

(3) 各大修项目确认交接表

大修项目施工单位分为外协单位、机修车间、电仪车间、属地车间，根据大修项目明细分别做四个表格，施工单位或部门大修负责人与属地车间负责人进行交接验收签字。验收不合格项上报机械动力处重新检修。

(4) 液压系统交接验收表

属地车间工艺员确认电极压放量正常，机修车间设备员确认电极升降油缸没有内漏及外漏情况，系统液压管线没有漏油情况。电仪车间设备员确认各电磁阀信号传递正确、各项指令正确无误。以上部门落实完后属地车间设备员通知机械动力处大修专工进行检查。

(5) 启动前安全检查

① 启动前安全检查是指在工艺设备启动前对所有相关因素进行检查

确认，并将所有必改项整改完成，批准启动的过程。

② 投产前安全检查的主要目的是在新项目投产前或者在装置变更后重新投入运行前，通过系统的安全检查，确保系统满足设计、安装等要求，并符合安全生产条件。通过投产前安全检查，还可以确认装置的投产是否符合相关的法律和法规要求。

③ 启动前安全检查是项目启动的一个先决条件，需实施启动前安全检查的项目可包括但不限于：新、改、扩建项目；工艺设备变更项目；停车检维修项目。

4.2.7 大修转生产

开炉前由机械动力处大修专工统一组织各相关车间设备员进行三查四定，三查四定工作限期整改完后，机械动力处组织检修车间负责人、属地车间负责人、机械动力处负责人、机械动力处主管领导、生产技术处负责人、生产技术处主管领导在大修转生产交接表上签字，签完字后进入生产模式。

第 5 章

电石炉开炉

5.1 开炉前的准备

5.1.1 外围工序的准备工作

① 原材料准备　原材料应符合工艺控制指标要求，见表 5-1。

表 5-1　原材料工艺控制指标　　单位：%

原材料名称	材料代号	检测项目	控制指标
石灰	CaO	有效氧化钙	≥80
		生过烧总和	≤10
焦炭	C	全水分	≤1.0
		灰分	≤13.0
		挥发分	≤4.0
		固定碳	≥83.0

② 所有料仓及上料设备完好，可随时投入使用。

③ 所有电石炉供电系统达到送电要求。

④ 电石炉控制系统安全可靠，达到操作要求。各种仪表显示准确，能准确反映真实情况，各运行监控数据显示正常。

⑤ 自控系统画面完整，报警联锁系统可靠。

⑥ 电仪车间提前做好现场巡检及送电准备。

⑦ 原料二车间准备质量合格石灰 450t（装炉预计需 120t），焦炭 350t（装炉预计需 90t）。进入连续投料期后，根据电石炉运行负荷供料，待电石炉运行稳定后，根据运行炉况逐步提高兰炭使用比例，直至完全使用混合料。

⑧ 出炉前需要将所有需要工具准备齐全：氧气 10 瓶，氧气管接头 3 套，吹氧管 3 捆，氧气软管若干。

5.1.2 电石炉本体设备

① 液压、上料、供水、供气设备等经单机试车、联动试车、投料试车合格。

② 电石炉接触元件按要求调整，夹紧力符合要求。

③ 各系统无漏水、漏油、漏气、漏电现象。

④ 炉体各部位绝缘良好，符合送电开车要求。

⑤ 压放电极：长度为底部环以下 2200mm。

⑥ 装启动缸：在三相电极下端炉体底部各放置一个启动缸。启动缸由钢板焊制，钢板厚 6mm，规格 ϕ1800mm×1600mm（高度），启动缸之间用 6 根 ϕ30mm 圆钢（废旧）相连。

⑦ 砌筑假炉门（图 5-1）。

材料：黏土砖

规格：

内孔尺寸：宽×高＝250mm×700mm

外孔尺寸：宽×高＝7200mm×750mm

位置：由炉衬内侧砌筑至启动缸处。

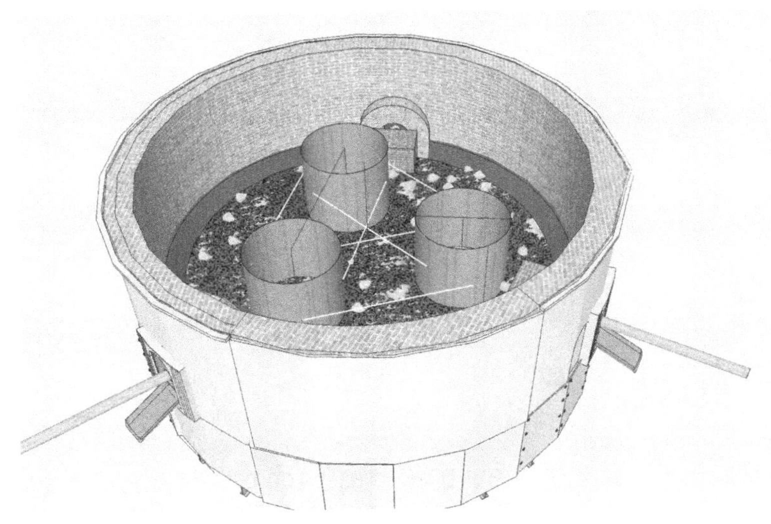

图 5-1　启动缸焊接及假炉门砌筑示意图

各炉门中心放置 ϕ200mm×4000mm 圆木，炉门内用焦粉填充，用黄泥密封。

5.2 装炉

① 在炉体底部平铺焦炭，厚度为 300mm，粒度 5～30mm。

② 在启动缸内部装满焦炭，粒度 5～30mm。

③ 在炉内其余部位装入混合料，焦炭：石灰＝65：100，高度与启动缸平齐，炉内料层呈锅底形。如图 5-2 所示。

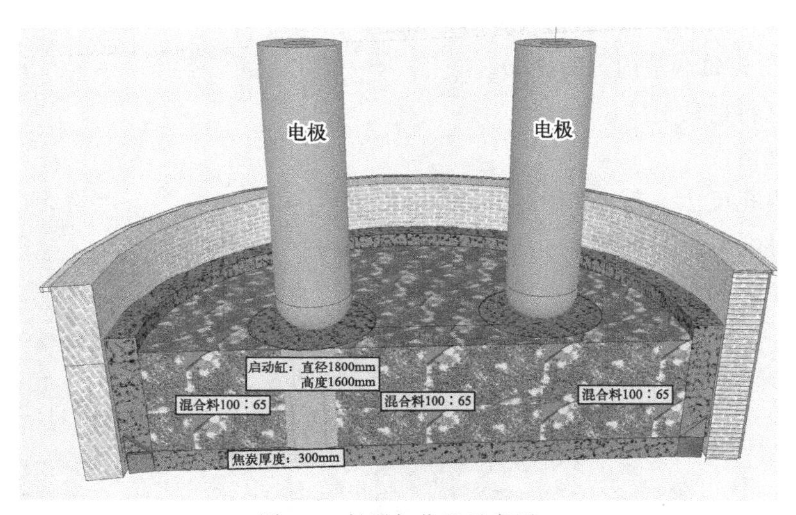

图 5-2 料添加位置示意图

5.3 炉料配比

装炉结束后，将焦炭和石灰配比为 65：100 的炉料填充至料仓，高度达到 2.6m 以上，料管针阀处于封闭状态，待开始加料后，根据操作情况调整，每次配比调整量不超过1%，调整周期不少于16h。

负荷升至28500kW时根据实际运行情况开始逐步提升兰炭掺混比例，每次调整10%，调整至50%以上后，每次调整5%，最终将兰炭比例提升至65%。

5.4 装电极糊

开炉前将电极糊柱高度添加至3.5～4.0m，焙烧电极期间每小时测量一次糊柱高度，糊柱高度低于3.5m时加糊，每次加糊量不得大于200kg。

5.5 送电

① 变压器经过不少于1次冲击试送电和空载运行，确认无异常，测试各挡位电压值，符合设计要求后方可进入送电程序。

② 送电前将电极降至启动缸上方300mm，变压器挡位调至1挡，进行送电，送电5min。各岗位要认真观察馈电系统、炉盖设备及管路系统有无连电、短路现象。

③ 电石炉变压器送电后，检查各设备均无短路、断路、连电等现象，方可下降电极（电极端头刚接触启动缸焦炭）进行焙烧电极程序。

5.6 电极焙烧

① 此阶段中主要增强自焙电极的导电性能及机械强度，其安全电流不得超过65kA，可通过升降挡位调整运行电流及负荷。

② 电极焙烧要均匀进行，三相电极必须保持平衡，根据电极糊挥发物逸出情况判断电极烧结程度是否适宜。三相电极电流需平衡，相电流差不得超过 3kA。

③ 当测量电极长度为 2100mm，电极电流达到 50kA 以上时，视电极烧结质量和电极的消耗情况，可适当压放电极，保证电极正常的工作端长度在 2100mm 以上。但压放量不得超过操作规程中规定的最大压放量（主要为活动接触元件，以免被焦油黏结），压放周期建议定在 120min 以上。

④ 随着电极压放和电极筒内电极糊软化、挥发，电极糊柱逐步降低，以勤加少量原则，加入电极糊，保持电极糊柱高度在 3.5～4.0m。

⑤ 在二楼料面准备焦炭，添加量约为每相电极 1.5t，焦炭应加至启动缸上方，并保持三相平整，三相电极添加焦炭后位置应无较大偏差。

⑥ 当电极位置降至 450mm 以下时（观察导电铜管及通水电缆夹具是否与料管相连），可向启动缸内适当添加焦炭，添加焦炭前，将三相电极位置提升至 1000mm 以上，添加焦炭后由于电极位置提升，炉盖温度会持续升高，需重点关注炉盖及炉门水温。

⑦ 电极焙烧期间三相电极加热元件全部开启，温度控制在（75±5）℃。因旧电极停炉前消耗电极，筒内热量上升，电极筒内有化糊现象，电极糊提前融化、挥发，开炉送电后糊柱下降较慢，前 48h 糊柱下降量可能偏少，需关注新、旧糊面对接面，通过糊柱下降量计算对接面位置。

5.7 投料及提升负荷

① 电石炉投料前，净化系统投入运行时，应开启 4# 炉门，便于观察炉内电极，如出现炉盖水温超标现象，可倒换开启其他炉门。

② 当电流升至 35kA 以上时（总耗电量在 170000kW·h 左右），观察电极烧结状况。电极上端小孔无火焰喷出时（新电极），可通过三楼半针阀控制，加入混合料，第一次添加混合料需将电极端头掩埋；加料后将各炉门关闭，并将炉压控制在－5～10Pa。

③ 分批次加入混合料，以勤加少量方式为主，每次加料时打开料管中间 4 个针阀，停留 30s，加料间隔时间不少于 30min（视电极烧结情况），此阶段需勤观察料嘴情况及将军帽温度，防止料嘴烧损。

④ 当炉内料面升至料嘴下沿时，可将料管针阀全部打开，进入连续加料期。

⑤ 当负荷升至 12000kW 时，如炉内生成的电石影响操作电流时，可以进行出炉操作（正常以炉眼自然流出电石为佳）。新开炉由于料层未形成，出炉时容易发生大塌料及出炉喷料，出炉时需提前将炉压调整至大负压，并检查好机器人挡火门，发生喷料应及时关闭挡火门。

⑥ 当负荷提升至 12500kW 时，可根据电流情况适量投入低压补偿，升负荷过程中，出炉频次及时间按照电极电流变化进行。

⑦ 当电石炉功率达到 34000kV · A（有功功率约为 28500kW）时，进入正常生产。

电石炉电极电流提升参考表见表 5-2。

表 5-2 电石炉电极电流提升参考表

<table>
<tr><th>天数</th><th>累计时间/h</th><th>电极电流/kA</th><th>挡位</th><th>备注</th></tr>
<tr><td rowspan="4">第一天</td><td>4</td><td>3</td><td rowspan="10">1 挡送电（根据电流情况调整挡位）</td><td rowspan="10">当电极电流偏低时，采取升挡及添加焦炭方式进行控制，禁止强行下降电极</td></tr>
<tr><td>8</td><td>4</td></tr>
<tr><td>12</td><td>5</td></tr>
<tr><td>16</td><td>6</td></tr>
<tr><td rowspan="6">第二天</td><td>20</td><td>8</td></tr>
<tr><td>24</td><td>10</td></tr>
<tr><td>28</td><td>12</td></tr>
<tr><td>32</td><td>14</td></tr>
<tr><td>36</td><td>16</td></tr>
<tr><td>40</td><td>18</td></tr>
<tr><td rowspan="6">第三天</td><td>44</td><td>20</td><td rowspan="6">根据电流需求控制挡位，三相变压器相差不得超过 2 挡</td><td rowspan="6">电极压放量根据电极烧结质量及电极长度确定</td></tr>
<tr><td>48</td><td>22</td></tr>
<tr><td>52</td><td>24</td></tr>
<tr><td>56</td><td>26</td></tr>
<tr><td>60</td><td>28</td></tr>
<tr><td>64</td><td>30</td></tr>
</table>

续表

天数	累计时间/h	电极电流/kA	挡位	备注
第四天	68	33	根据电流需求控制挡位，三相变压器相差不得超过2挡	电极压放量根据电极烧结质量及电极长度确定
	72	36		
	76	40		
	80	44		
	84	48		
	88	52		
第五天	92	55		
	96	58		
	100	61		
	104	64		
	108	66		
	112	68		
第六天	116	70		
	120	72		
	124	74		
	128	76		
	132	78		
	136	80		

注：开炉结束后，根据炉况确定运行负荷，根据电极长度确定是否需要压放焙烧电极，有效负荷提升至28500kW时进入正常生产阶段。

第6章

电石炉大修验收标准

6.1 智能机器人验收标准

智能机器人检修质量验收标准见表 6-1。

表 6-1　智能机器人检修质量验收标准

验收项目	验收标准
智能机器人	智能机器人的零部件完整齐全，连接部位螺栓齐全、紧固，表面涂层完好、清洁，安全防护装置齐全牢固，无缺失、松动现象
	智能机器人大、小钢制拖链无变形、缺失、松动，小车、大车前后限位完好，无失灵现象
	小车轮架无变形现象，上下尺寸差不超过 5mm，小车压轮和行走轮完好，运行正常，无异常声音
	智能机器人运行平稳，取放工具时无卡阻现象，烧穿、气堵系统等工作正常
	烧穿器送电开关灵活，导电母排接触良好，烧穿器吊挂牢固，推动灵活；导电裸铜绞线无裸露；炭棒夹具牢固可靠
	电器元件接触良好，操作控制仪器仪表精确，反应灵敏，无卡顿现象

6.2 出炉卷扬机验收标准

出炉卷扬机检修质量验收标准见表 6-2。

表 6-2　出炉卷扬机检修质量验收标准

验收项目	验收标准
出炉卷扬机	卷扬机检修完毕后，运行振动值在标准范围内（振动值：15kW 设备≤4.5mm/s，15～75kW 设备≤10mm/s，75kW 以上设备≤11.2mm/s）
	卷扬机各转动部位润滑油/脂不缺，运行无异响，转动灵活，轴承温升不得超过环境温度 40℃，最高温度不得超过 80℃
	卷扬机的零部件完整齐全，连接部位螺栓齐全、紧固，表面涂层完好、清洁，安全防护装置齐全、牢固，无缺失、松动现象

续表

验收项目	验收标准
出炉卷扬机	卷扬机运行遥控器操作灵活可靠，自动离合器挡杆活动自如，各销轴齐全，制动器灵敏可靠，齿轮等传动装置运行过程中无异常声音
	卷扬机辊筒钢丝绳排列整齐，绳头固定牢固可靠，钢丝绳在一个捻节距内断丝数小于钢丝绳总丝数的10%

6.3 出炉轨道验收标准

出炉轨道检修质量验收标准见表6-3。

表6-3 出炉轨道检修质量验收标准

验收项目	验收标准
出炉轨道	出炉轨道平整，轨道接头高低误差≤10mm，轨道中心距误差≤10mm，焊缝焊接牢固，表面无凹坑、变形现象
	出炉轨道接头使用轨道夹板进行连接，螺栓紧固
	出炉轨道道岔区域无积灰，道岔往复推动变道灵活，无卡阻现象
	出炉轨道内地轮运转灵活，无缺失，地轮轮体磨损不超过厚度的1/2，地轮轴承无缺失，运转灵活

6.4 炉舌安装验收标准

炉舌检修质量验收标准见表6-4。

表6-4 炉舌检修质量验收标准

验收项目	验收标准
炉舌	新炉舌支座下沿与炉底板垂直高度为1250mm，误差在20mm以内，围板与炉墙满焊焊接

续表

验收项目	验收标准
炉舌	炉舌根部与炉门两边连接位置进行加固满焊焊接并将废旧小车轴焊接于炉舌底部支撑，防止炉舌下坠
	通水炉舌安装，循环水管线焊接无渗漏现象

6.5 出炉烟罩安装验收标准

出炉烟罩检修质量验收标准见表6-5。

表6-5　出炉烟罩检修质量验收标准

验收项目	验收标准
出炉烟罩	出炉烟罩正面观察孔与炉眼位置对中，不得出现偏离现象
	出炉烟罩安装固定与炉墙保持30～50mm间隙，防止接触连电打火
	出炉烟罩与出炉烟道连接处全部进行满焊，密封良好，无孔洞现象
	出炉烟罩与出炉烟道各吊挂绝缘良好，螺栓齐全、紧固。出炉烟罩、通水炉墙循环冷却水通畅，无渗漏现象
	出炉烟罩、通水炉墙循环冷却水通畅，无渗漏现象
	所有通水部位进行试压，压力为工作压力的1.25倍，保压30min，压力无下降现象，通水部位无渗漏现象

6.6 炉底板及工字钢安装验收标准

炉底板及工字钢检修质量验收标准见表6-6。

表6-6　炉底板及工字钢检修质量验收标准

验收项目	验收标准
炉底板及工字钢	铺设炉底工字钢排架梁时，可根据基础工形梁的朝向，按车间主导风向将工字钢与基础沟的交叉角在45°～90°范围内调整

续表

验收项目	验收标准
炉底板及工字钢	炉底排架所有工字梁的上顶面应在同一水平面上，其允许偏差 3mm
	炉底工字钢必须按图纸规定安装，其每米纵向水平度允许偏差为 1mm；全长允许偏差不大于 5mm；横向水平度允许偏差不大于 5mm
	炉底工字钢排架顶平标高与水平度，可在工字钢底部用垫铁找平，找平后须将工字钢底平面与基础全部垫实，垫铁与工字钢底部、垫铁与基础预埋板、垫铁间须按相关要求施焊，连接处全部进行满焊
	炉底板焊接前板材切割 45°单面坡口，材料准备完毕后铺设炉底板，炉底板拼接完毕后并进行焊接，焊后要求单面焊、双面成型焊缝平整，其平面度正负公差不得大于 16mm
	炉底钢板要求平整，且安装要求水平，其每米水平度允许偏差不大于 2mm；整个炉底板的总水平度允许偏差纵横全长不大于 10mm
	炉底板必须平直，与工字梁接触良好，不得有翘曲现象

6.7 炉壳围板安装验收标准

炉壳围板检修质量验收标准见表 6-7。

表 6-7 炉壳围板检修质量验收标准

验收项目	验收标准
炉壳围板	炉壳组装前板材切割 45°双面坡口，对接板材时横平竖直，焊缝处清除板材坡口的氧化渣，且用磁性吊线坠验证垂直度，误差允许范围±10mm
	炉壳体组装后，其圆柱度允差≤15mm；侧壁炉片之间的拼接焊缝的错边量不得大于 4mm
	炉壳直径允许偏差为 $2/1000D$（D 为炉壳的内径），炉壳筒节每米直线度允许偏差不大于 2mm，总直线度允许偏差不大于 10mm
	炉壳的最大直径与最小直径之差不大于 $0.01D$，且不大于 30mm
	炉壳体中心与电炉中心同心，其不同心度公差在炉壳高度范围内允许偏差≤10mm

6.8 炉膛砌筑施工验收标准

炉膛砌筑检修质量验收标准见表 6-8。

表 6-8 炉膛砌筑检修质量验收标准

验收项目	验收标准
炉膛砌筑	电石炉炉墙、炉底用的耐火砖(高铝砖、黏土砖)必须认真选分与配层，同层砖的厚度差不大于 1mm，必要时应进行加工，并有配层标记
	砌筑炉衬前，可用高铝熟料砂找平炉底，此层厚度不宜超过 10mm，铺设高铝熟料砂前，炉壳炉底必须干燥清洁，高铝熟料砂也应保持干燥
	在为找平炉底用的高铝熟料砂上面以干砌法铺砌耐火砖。砖缝小于 3mm，砖缝用干燥的耐火熟料粉填充，纵横砖缝错开半砖，严禁砖缝重合
	炉底干砌一层耐火砖后，砖缝填充耐火熟料粉时，用专用工具将砖缝填实，如此重复三次，使砖缝内充满耐火熟料粉。清扫后再铺砌第二层、第三层耐火砖
	从第三层砖开始炉底耐火砖可用湿砌法砌筑，上下两层砖之间垂直缝应交错半砖，并交错 30°砌筑。砌体的所有砖缝中，泥浆应饱满，其表面应勾缝
	炉衬砌砖时，应用橡胶锤找正，不应使用铁器直接敲打砖砌体。不得使用砍去大于 1/2 砖长的砖和受潮变质的砖，砌砖中断或返工拆砖而应留茬时，应做成阶梯形的斜茬
	耐火砖砌体的砖缝应用塞尺检查，塞尺宽度应为 15mm，塞尺厚度应等于被检查砖缝的规定厚度。当使用塞尺插入砖缝深度不超过 20mm 时，则该砖缝合格
	炉底和炉墙自焙炭砖朝向耐火砖的一端及自焙炭砖与粗缝糊接触的面采用粗加工，与细缝糊接触的面应采用精加工。在炉底施工过程中应随时检查砖缝厚度、泥浆饱满程度、各砖层上表面的平面度误差和表面各点的相对标高差
	楔形自焙炭砖的一端加工成斜面时锐角不应小于 70°，侧面加工时锐角不应小于 60°，超过上述范围时应留 100mm 长的直边
	砌筑自焙炭砖时，自焙炭砖表面的杂物及灰尘必须清除干净后才能使用。严禁碳素材料接触炉壳
	在炉壳上粘贴硅酸铝耐火纤维毡前，应清除炉壳表面的浮锈和油污，粘贴法施工用的成品黏结剂应密封保存，使用时应搅拌均匀，粘贴施工时，在基面及纤维制品的粘贴面均应涂刷黏结剂

续表

验收项目	验收标准
炉膛砌筑	硅酸铝耐火纤维毡应减少接缝，且错缝铺设，各层间应错缝100mm以上。硅酸铝耐火纤维炉衬与耐火砖砌体的连接处应避免直通缝

6.9 一次烘炉验收标准

一次烘炉过程验收标准见表6-9。

表6-9 一次烘炉过程验收标准

验收项目	验收标准
一次烘炉过程	炉底自焙炭砖砌筑前必须进行一次烘炉，以使黏土砖和高铝砖砌体的水分排出
	在炉底自焙炭砖层以下的黏土砖和高铝砖砌筑完成及炉墙耐火砖砌到炉门下沿时，停止砌筑工程，进行一次烘炉。一次烘炉的时间及烘炉温度根据砌体泥浆类型、砌体结构与电石炉容量等因素确定
	一次烘炉后，清扫干净烘炉遗留的灰渣等杂物后，方可进行炉底自焙炭砖的砌筑

6.10 炉底自焙炭砖砌筑验收标准

炉底自焙炭砖的砌筑过程质量验收标准见表6-10。

表6-10 炉底自焙炭砖的砌筑过程质量验收标准

验收项目	验收标准
炉底自焙炭砖的砌筑过程	炉底自焙炭砖的砌筑应从炉底中心开始，采用平行砌筑法砌筑。同层各排自焙炭砖之间必须相互平行，相邻两排自焙炭砖之间错缝砌筑，上下不同层自焙炭砖中心线交错成30°角砌筑

续表

验收项目	验收标准
炉底自焙炭砖的砌筑过程	砌筑炉底自焙炭砖时，先砌炉底中心第一块自焙炭砖并测定其上表面的水平度及砖的垂直度使其符合要求，然后向两侧砌筑。砌筑时必须用千斤顶将自焙炭砖顶紧，使水平缝和垂直缝不大于 1mm，且砌筑时都要求自焙炭砖之间有炭糊挤出，同时检查水平度和垂直度，使之达到要求。砌到炉墙位置时用正反木楔顶紧，同时保证不使周围耐火砖砖缝松动，至此，第一排自焙炭砖砌筑结束
	第一排自焙炭砖砌筑完成后，继续砌筑第二排及以后的各排自焙炭砖，各排自焙炭砖都必须与第一排自焙炭砖平行，并满足自焙炭砖缝的垂直度及自焙炭砖面的水平度要求
	一层自焙炭砖砌筑完后，边缘自焙炭砖与炉墙之间形成一个用木楔楔紧的环形间隙，该环形间隙应用粗缝糊填实，同时取出木楔
	必须在前一层自焙炭砖层砌筑完成，环隙用粗缝糊填实后，整个自焙炭砖层经铲平后使水平度符合要求，方可进行后一层自焙炭砖的砌筑

6.11 炉墙自焙环形炭砖砌筑验收标准

炉墙自焙环形炭砖的砌筑过程验收标准见表 6-11。

表 6-11 炉墙自焙环形炭砖的砌筑过程验收标准

验收项目	验收标准
炉墙自焙环形炭砖的砌筑过程	砌筑电石炉炉墙环形自焙炭砖时，每砌筑 4～5 块自焙炭砖用千斤顶顶紧一次，在用千斤顶顶紧之前，炉墙耐火砖和环形自焙炭砖之间用正反木楔楔紧，检查砌体垂直缝和环缝是否符合要求，顶紧砌筑完后需要暂时停止砌筑 15～20min，待炭糊降温“干固”后方可继续砌筑
	炉门区的环形自焙炭砖的砌筑应按预砌图，从两个炉门中间开始砌筑，炉门口自焙炭砖高度不允许低于设计尺寸，严禁碳素材料与炉壳接触
	每环自焙炭砖砌筑好之后，炉墙与自焙炭砖之间的间隙须用粗缝糊填充并捣实，同时取出木楔

6.12 自焙炭砖的环隙填充验收标准

自焙炭砖的环隙填充料的填充验收标准见表 6-12。

表 6-12　自焙炭砖的环隙填充料的填充验收标准

验收项目	验收标准
自焙炭砖的环隙填充料的填充	自焙炭砖的环隙填充料采用粗缝糊
	在与环隙捣固层相接触的耐火砖墙表面，宜涂刷一层沥青，以使捣固层易于与耐火砖互相粘接
	用粗缝糊作填充料需填满并充分捣实，每次倒入环隙的粗缝糊厚度以 100～150mm 为宜，捣固后的填充料应高出自焙炭砖体表面 2～3mm
	在尚未填充捣实粗缝糊的部位不得拆除木楔，并且填充捣实的工作应在直径方向的对称部位同时进行，以确保砌体的质量

6.13 自焙炭砖砌筑过程验收标准

自焙炭砖砌筑过程质量验收标准见表 6-13。

表 6-13　自焙炭砖砌筑过程质量验收标准

验收项目	验收标准
自焙炭砖砌筑过程	在自焙炭砖砌筑过程中及整层砌筑完成后，必须逐块检查砌缝，砌筑后的炉衬不准有局部下沉、砌体开裂的现象。每层自焙炭砖砌筑后都要仔细检查，自焙炭砖和砖缝不准有开裂或裂纹产生
	自焙炭砖砌体的砖缝厚度应用塞尺检查，塞尺宽度为 30mm，塞尺端部为直角形，塞尺厚度应等于被检查砖缝的规定厚度。当塞尺插入砖缝的深度不超过 100mm 时，则该砖缝合格
	满铺炉底的自焙炭砖砌体用 2m 水平尺检查，表面平整度允许偏差不大于 5mm。熔池各层自焙炭砖上表面用 2m 水平尺检查，其表面平整度允许偏差不大于 5mm

续表

验收项目	验收标准
自熔炭砖砌筑过程	电石炉炉墙及熔池半径允许偏差不大于 20mm，熔池深度允许偏差±25mm
	炉底熔池碳素填充层采用粗炭糊，应捣打成斜坡，使坡度朝向炉门口，每次捣固料层的厚度不大于 50mm，铺料应均匀，用风动锤捣打时，应一锤压半锤，连续均匀逐层捣实，第二层铺料应将已打结的捣打料表面刮毛后才可进行
	炉底熔池碳素填充层捣固完成后，必须及时用高铝砖或黏土砖砌筑一层作为碳素材料的保护层，防止炉膛内和熔池的碳素材料砌体在烘炉时被氧化

6.14 料管及绝缘段验收标准

料管及绝缘段安装质量验收标准见表 6-14。

表 6-14　料管及绝缘段安装质量验收标准

验收项目	验收标准
料管及绝缘段安装	料管安装时确认绝缘套管及绝缘垫完好，连接螺栓紧固齐全，下料管必须安装两道绝缘，安装完毕后由作业人员使用电焊机进行绝缘测试，确认绝缘完好，无打火现象
	料管绝缘段吊至安装位置后加绝缘板及连接绝缘螺栓，连接螺栓紧固齐全，并使用电焊机进行绝缘检测，确认绝缘完好，无打火现象
	料管必须采用双吊挂形式进行吊固，料管吊挂紧固，无松动

6.15 料嘴安装验收标准

料嘴安装质量验收标准见表 6-15。

表 6-15　料嘴安装质量验收标准

验收项目	验收标准
料嘴安装	料嘴吊至密封套的料嘴孔中心±10mm，放置好绝缘板后安装料嘴，并使用电焊机进行绝缘检测，确认绝缘完好，无打火现象
	绝缘检测完好后，将将军帽两侧定位孔放置到料嘴吊耳位置，无错位现象，将军帽与料嘴安装间隙不得大于 20mm

6.16 护屏安装验收标准

护屏安装质量验收标准见表 6-16。

表 6-16　护屏安装质量验收标准

验收项目	验收标准
护屏安装	护屏安装前使用电焊机对护屏卡脚进行绝缘检测，确认绝缘完好后，无打火现象
	护屏安装后使用电焊机对护屏与接触元件铜管、把持器的绝缘情况进行检测，确认绝缘完好后由属地车间安装护屏循环水胶管，通水无渗漏现象

6.17 接触元件安装验收标准

接触元件安装质量验收标准见表 6-17。

表 6-17　接触元件安装质量验收标准

验收项目	验收标准
接触元件安装	准备安装前使用压缩空气及水对接触元件循环水进、出口水路进行吹扫，确认畅通，检查接触元件导电面光洁平整，导电接触面高度应>9mm，不锈钢垫圈固定到位
	接触元件接头导电面使用砂纸打磨光洁平整，与接触元件密封水路的 O 形圈一起压到凹槽内，确认接触元件导电面与电极壳筋板完全接触

续表

验收项目	验收标准
接触元件安装	用预先调好的接触元件夹紧螺栓（30.5MV·A电石炉夹紧螺栓内侧水平间距为124～126mm；40.5MV·A电石炉夹紧螺栓内侧水平间距为125～127mm）对称紧固接触元件螺栓直到螺栓不能旋转为止，确认接触元件导电面卡在电极壳筋板卡槽内时开始紧固，安装时必须使各接触元件的高度在同一水平面上，高低误差≤5mm
	接触元件夹紧螺栓连接完毕后安装U型管通水试漏，确认无渗漏现象，属地车间确认接触元件循环水回水正常，并压放电极2～3次，确认电极压放量在19～21mm范围内
	接触元件绝缘件安装到位后，使用电焊机进行绝缘检测，确认接触元件与底部环、把持器之间的绝缘完好，无打火现象

注：1. 每组接触元件由4套夹紧螺栓进行紧固。

2. 每套夹紧螺栓配8个碟簧，两两相扣分别安装在夹紧螺栓的两侧来调节夹紧力。

3. 安装接触元件前先调好接触元件夹紧螺栓的间距，并用顶丝顶到位，来保证正确的夹紧力。

4. 夹紧力的理论计算方法：接触元件的总厚度为85mm；电极壳筋板的总厚度：90万吨为8mm，38万吨为7mm；8个碟簧自然状态下两两相扣自身厚度为40mm；每两个碟簧两两相扣的形变量为4mm，8个碟簧形变量为16mm，使碟簧形变量为8mm时弹力张弛适中。90万吨夹紧螺栓的间距：85mm＋8mm＋40mm－8mm＝125mm。38万吨夹紧螺栓的间距：85mm＋7mm＋40mm－8mm＝124mm。

6.18 底部环安装验收标准

底部环安装质量验收标准见表6-18。

表6-18 底部环安装质量验收标准

验收项目	验收标准
底部环安装	准备安装前使用压缩空气及水对底部环循环水进、出口水路进行吹扫，确认畅通，检查底部环、吊耳完好，无变形现象
	安装时作业人员将底部环安装电极处杂物清理干净，底部环吊挂连接板大小适中，不能延伸至底部环和电极壳之间使底部与电极壳接触

续表

验收项目	验收标准
底部环安装	底部环安装完毕后将进出口水管进行连接，并进行试漏，确认无渗漏现象
	试漏完毕后连接紧固底部环螺栓并焊接好底部环拉杆，拉杆搭接的焊缝长度为100～150mm，底部环互相连接部位高低误差≤5mm。底部环与把持器高度：1#、2#炉为1650mm，3#、4#炉为2015mm，5#～8#炉为1580mm，9#～20#炉为1790mm，高低误差≤5mm
	作业人员使用电焊机检测底部环与接触元件、把持器之间的绝缘，确认绝缘完好，无打火现象
	底部环处的护屏恢复后，使用电焊机检测底部环与护屏之间的绝缘，确认绝缘完好，无打火现象

6.19 通水电缆安装验收标准

通水电缆安装质量验收标准见表6-19。

表6-19 通水电缆安装质量验收标准

验收项目	验收标准
通水电缆安装	通水电缆安装前对备用通水电缆测直流电阻值。38万吨通水电缆电阻值小于36μΩ合格；90万吨通水电缆电阻值小于36μΩ合格，加长通水电缆电阻值小于50μΩ合格
	通水电缆安装时必须在O形圈上涂上导电膏，使用吊葫芦将通水电缆拉紧到固定位置
	通水电缆安装完毕后打开循环水阀门进行试漏，确认无渗漏现象后使用不锈钢螺栓将连接套体紧固

6.20 密封套安装验收标准

密封套安装质量验收标准见表6-20。

表 6-20 密封套安装质量验收标准

验收项目	验收标准
密封套安装	准备安装的水冷密封套必须试压合格，无漏水现象，出具试压报告，并将内部打结浇筑料，打结浇筑料后的密封套直径为 1840mm(40500kV·A 电石炉)，将密封套分成两等份使用螺栓进行紧固
	密封套安装到位后，上紧所有连接螺栓并打紧定位销，再次将密封套吊起，在密封套与炉盖搭接处放置一圈预先准备好的砖块，然后将密封套落在砖块上并进行水平校正(水平度要求±2mm，同心度要求±2mm)，再在密封套与炉盖连接处安装一圈环氧树脂密封套绝缘板，并将提前准备好的浇筑料浇筑在密封套与炉盖缝隙处
	将密封环落在密封套上并上紧连接螺栓，使用电焊机检测密封套与密封环绝缘、密封套与炉盖板绝缘，确认绝缘完好，无打火现象后连接循环水管线，通水后无渗漏现象

6.21 中心盖板安装验收标准

中心盖板安装质量验收标准见表 6-21。

表 6-21 中心盖板安装质量验收标准

验收项目	验收标准
中心盖板安装	准备安装的中心盖板必须试压合格，无渗漏现象，出具试压报告，并将中心盖板底部打结浇筑料，检查确认中心盖板吊耳焊接牢固
	中心盖板吊装到位后安装中心盖板与炉盖连接销轴，中心盖板与通水吊挂连接销轴，使用水平管检测确认中心炉盖与炉盖水平度误差<20mm，并连接中心炉盖水路管线，通水后确认无渗漏现象
	使用电焊机检测中心炉盖与密封套绝缘，确认绝缘完好，无打火现象

6.22 电石炉三楼液压系统检修验收标准

电石炉三楼液压系统检修质量验收标准见表 6-22。

表 6-22 电石炉三楼液压系统检修质量验收标准

验收项目	验收标准
电石炉三楼液压系统检修	液压站油品全部进行更换，更换前必须用液压油空载冲洗，并换上新油再冲洗10min，冲洗时各液压油阀件应处在全开位置，液压油应经滤油器后再回油箱进行排出，添加新油前使用面团将油箱内机械杂质清理干净，然后注入新油
	液压站及三楼半压放平台油路管线阀门畅通，动作准确，反应灵敏，电器、仪表反应正常，试运行过程中无渗漏现象
	夹紧缸蝶形弹簧片内孔与导套间隙为 3～5mm，外径与壳内径间隙不小于5mm，其残余变形小于 20%，内外圆端面都应倒成圆角
	调整液压夹钳的夹持力，夹钳口齿纹磨损超过 30%应进行更换，总的形变量为9～11mm，使其能单独夹持电极不下滑
	压放装置夹紧缸夹头外侧距电极中心距离应保证为(750±2)mm
	电极把持器升降油缸升降运行，并调整节流阀保持同步，允差为±2mm
	电极压放装置及油路管线与升降平台使用电焊机进行绝缘检测，绝缘阻值不小于 0.5MΩ
	把持器导向轮磨损不应超过轮壁厚度的 1/3，并使用电焊机将导向轮与底座绝缘进行检测，确保绝缘完好，无打火现象
	电极外筒圆度公差为直径的 3%，外筒垂直度<1.5mm/m，全长<10mm
	调整液压系统工作压力在 9～11MPa 范围内
	按工艺操作规程液压夹钳连续压放电极三次，其动作自如，行程一致，无阻滞现象，电极压放量为 19～21mm
	将电极立在炉膛内，将电极把持器升降三次，不碰周围任何物体，尤其三相电极之间不得接触，上、下限位有效
	各料仓表面着色完好

6.23 电石炉四楼上料系统检修验收标准

电石炉四楼上料系统检修质量验收标准见表 6-23。

表 6-23　电石炉四楼上料系统检修质量验收标准

验收项目	验收标准
电石炉四楼上料系统检修	环形加料机本体表面着色完好
	输送带电动辊筒运行正常，电动机电流不得超过额定电流，无异常声音，输送带左右跑偏为±50mm
	输送带托辊齐全，无缺失现象，垂直拉紧装置活动灵活，底部无积灰
	跑偏开关及拉绳开关齐全、可靠
	输送带接头完好，无起皮、破损现象
	环形加料机轨道运行正常，轨道与驱动装置无卡阻和碰撞现象，减速器、轴承箱运行无异常声音及渗油现象
	环形加料机轴承箱驱动轮磨损厚度不得>10mm
	环形加料机转盘连接螺栓齐全、紧固
	刮板伸缩灵活，无卡涩现象，刮板与转盘底板间隙为 10～20mm
	各气缸伸缩灵活，信号反馈正常，连接气源无漏气现象
	振动给料机无漏料，吊挂磨损小于吊挂直径 1/4
	环形加料机转盘水平度为±5mm

6.24 电石炉净化系统检修验收标准

电石炉净化系统检修质量验收标准见表 6-24。

表 6-24　电石炉净化系统检修质量验收标准

验收项目	验收标准
电石炉净化系统检修	净化装置各管道、阀门无阻塞、阀芯烧损现象，各控制阀门开、关灵活，阀门开度位置指示正常
	反吹装置、卸料器、刮板输送机、减速器运行正常，无泄漏现象
	仓体风镐振打器动作灵活，连接气源压力>0.2MPa，无漏气现象，风镐振打器底座无脱焊现象
	净化系统仓体及管线更换，板材切割成 45°单面坡口进行焊接，保证焊接质量
	净化系统检修完毕后使用氮气进行气密性试漏，试漏压力为 0.1MPa，各管道焊缝、法兰、波纹补偿器、布袋仓压盖、防爆膜密封完好，无泄漏现象

续表

验收项目	验收标准
电石炉净化系统检修	风机油位正常，油箱油位在1/2～2/3之间，循环冷却水通畅，手动盘车2～3圈正常
	净化仓体及管线完好，无变形敲击现象

6.25 电石炉变压器系统检修验收标准

电石炉变压器系统检修质量验收标准见表6-25。

表6-25　电石炉变压器系统检修质量验收标准

验收项目	验收标准
电石炉变压器系统检修	变压器三相绕组无变形现象，各相绕组电阻间的差别不应大于三相平均值的2%，相间绕组电阻不大于三相平均值的4%，螺丝紧固无松动，现场无杂物、漏油现象
	变压器本体油更换后变压器油透明，无杂质、悬浮物；油色谱分析数据：H_2含量小于150μL/L，C_2H_2含量小于5μL/L，总烃含量小于150μL/L，水分含量小于35mg/L
	有载开关吊芯检修、清理后，螺丝紧固，更换油品无杂质，水分含量小于35mg/L
	变压器气体继电器校验及其二次回路试验绝缘电阻一般不低于1MΩ；压力释放器校验及其二次回路试验绝缘电阻一般不低于1MΩ；冷却装置及其二次回路试验绝缘电阻一般不低于1MΩ
	变压器检修完成后整体密封试验24h无泄漏
	吸湿器变色硅胶无变色现象

6.26 电动机检修维护验收标准

电动机检修维护质量验收标准见表6-26。

表 6-26 电动机检修维护质量验收标准

验收项目	验收标准
电动机检修维护	线圈完整无损，绝缘良好，温度为 75℃时，定子线圈绝缘电阻不低于 3MΩ，转子线圈不低于 0.5MΩ
	电动机外壳无损伤，外观清洁，表面无积灰、油污；电动机螺栓、接线盒、吊环、通风网、护罩及散热片等零部件齐全、完整、紧固，接地良好
	电动机电流不超过额定值；三相交流电动机在三相电压平衡条件下，三相电流之差与平均值之比不得相差 5%。在电源电压及负载不变条件下，电流不得波动
	定子和转子间隙异步电动机最大间隙与最小间隙之差不得超过平均值的 30%，同步电动机和直流电动机不得超过 15%
	电动机运行温度不超过生产厂规定，A 级绝缘的绕组 95℃；E 级绝缘的绕组 105℃；B 级绝缘的绕组 110℃；F 级绝缘的绕组 125℃；H 级绝缘的绕组 135℃

6.27 低压补偿检修维护验收标准

低压补偿检修维护质量验收标准见表 6-27。

表 6-27 低压补偿检修维护质量验收标准

验收项目	验收标准
低压补偿检修维护	低压补偿柜内无积灰，无杂物，接地线牢固
	电容器无油污、无鼓肚变形、无锈蚀现象
	低压补偿柜各指示表显示正常
	隔离刀、铜牌、断路器、各端子螺丝紧固，无松动，无打火现象
	电容器连接无破损发热现象，温度不高于 40℃
	短网绝缘夹具螺丝无松动，绝缘无脱落、无漏铜现象
	单只电容器运行电流高于额定电流的 80%
	电容器运行温度小于 45℃

第 7 章

电石炉大修施工案例

7.1 护屏、接触元件检修施工方案

7.1.1 检修步骤

(1) 检修前准备：所有将军帽和料嘴的吊装都使用3个吊点，吊物正上方把持器吊耳为一个吊点、炉盖边缘正上方一个吊点、就近地面上方一个吊点，分别挂3个3t手拉吊葫芦将吊物依次牵引吊至地面。吊装前作业人员必须仔细检查吊耳是否牢固可靠。

(2) 属地车间用插针阀闭料，确认料管吊挂完好后拆除插针阀以及下料管短节。

(3) 机修车间作业人员在需更换将军帽的吊装路线上方，使用3个吊点分别挂3个3t手拉吊葫芦将吊物牵引吊至地面。

(4) 先确认被吊下料嘴的吊耳是否牢固，确认牢固后绑好钢丝绳扣。如果下料柱本体上的吊耳烧损则在下料柱上新增一个吊点。

(5) 使用吊装路线上方的3个3t手拉吊葫芦依次将下料柱牵引吊至地面（由于吊装空间狭小，遇到卡阻现象后可使用撬杠撬动）。

(6) 清理干净下料柱下密封套上的杂物，并按照与拆除时相反的步骤将下料嘴吊至密封套的下料孔中心，放置好硅酸铝纤维毡和绝缘板后落实下料嘴。

(7) 测下料柱和密封套的绝缘。

(8) 绝缘测试通过后，按照与拆除将军帽的相反步骤安装好将军帽。

(9) 属地车间安装下料管短节。

(10) 属地车间设备员测试料管的两道绝缘，要求全部通过。

7.1.2 护屏的拆除、安装

(1) 机修车间作业人员将1t手拉吊葫芦挂在被吊护屏正上方吊耳上，

然后松开护屏压板螺栓。

（2）属地车间关闭护屏通水阀门、拆除橡胶软连接。

（3）属地车间班长通知配电工提起该相电极使底部环漏出密封环上沿。

（4）机修车间作业人员缓慢吊起护屏使护屏卡脚脱离底部环上沿挡边，然后用手拉吊葫芦缓慢放置炉盖，再由属地车间4名以上作业人员搬至地面指定区域。

（5）安装新护屏前机修车间确认护屏绝缘是否合格，按照与拆除步骤相反顺序进行安装。

（6）安装护屏后机修车间验收护屏与接触元件铜管、把持器的绝缘情况。

（7）绝缘验收完毕后属地车间绑扎护屏进出口通水胶管。

（8）通水试漏。

7.1.3 接触元件的拆除、安装

（1）拆除该接触元件处的护屏，清理干净接触元件表面杂物。

（2）松开接触元件夹紧螺栓，然后通知属地车间当班班长关闭该接触元件冷却循环水。

（3）拆开接触元件与导电夹持头连接螺栓，将拆除的接触元件放置到地面指定位置。

（4）清理干净要安装接触元件的筋板处的杂物，并确认电极壳筋板完好。

（5）对准备安装的接触元件用压缩空气吹扫进、出口水路，确认畅通，检查接触元件导电面是否光洁平整，不锈钢垫圈是否卡到位。

（6）连接接触元件和导电夹持头，安装时注意将密封水路的O形圈压到槽内。

（7）连接完后安装U形管通水试漏。

（8）用预先调好的接触元件夹紧螺栓对称紧固接触元件直到螺栓不能旋转为止，在安装过程中确认接触元件导电面卡在筋板卡槽内。

（9）安装完接触元件后压放电极1～2次，确认夹紧力适中。

（10）垫接触元件绝缘件至底部环和接触元件之间。

（11）检查测试接触元件与底部环、把持器之间的绝缘。

7.1.4 底部环的拆除、安装

（1）按照护屏和接触元件的检修步骤拆除底部环处的护屏、接触元件，并清理干净底部环与接触元件表面杂物。

（2）关闭底部环水路阀门。

（3）用铁丝绕底部环中部位置拉成一个挂扣，然后用 1t 手拉吊葫芦拉紧底部环，防止坠入炉膛。

（4）清理干净要安装底部环位置上的电极杂物。

（5）吹扫底部环水道，确认畅通。

（6）将在地面上提前预制好拉杆连接板的底部环由 3 名以上作业人员搬至安装部位的密封环上沿处（要求底部环连接板大小适中，不能延伸至底部环和电极壳之间使底部与电极壳接触）。

（7）焊接好进出口水管，并进行试漏。

（8）试漏完毕后连接紧固底部环连接螺栓并焊接好底部环拉杆（要求搭接拉杆的焊缝长度大于 100mm，底部环互相连接部位平整，高低误差不超过 0.5cm）。

（9）检查测试底部环与接触元件、把持器之间的绝缘情况。

（10）按照护屏和接触元件的检修步骤恢复底部环处的护屏、接触元件。

7.1.5 通水电缆的拆除、安装

（1）关闭通水电缆水路阀门。

（2）将两个 1t 的手拉吊葫芦挂至接触元件铜管钢架上，将通水电缆两头绑在吊葫芦吊钩上。

（3）作业人员松开通水电缆两边连接套体螺栓，利用通水电缆自重及撬杠下压使通水电缆导电接头滑出连接套体。

（4）通水电缆两边导电接头都抽出连接套体后，由三名以上作业人员放置到地面指定位置。

（5）电仪车间测试更换下来的通水电缆的直流电阻值，并标识好电阻值，对导电接头做好防护措施。

(6) 在O形圈上涂上导电膏，将O形圈放置到连接套体孔内和通水电缆导电接头处（在通水电缆导电面上涂抹导电膏，保证通水电缆插入连接头内孔时阻力减小）。

(7) 将新的通水电缆搬至吊装位置，按照拆除步骤将导电连接头插入连接套体内，并利用手拉吊葫芦强行推进到位。

(8) 通水试漏后将连接套体螺栓紧固。

(9) 收回检修工器具。

(10) 检修完送电后12h内跟踪通水电缆导电和密封情况。

7.1.6 料管绝缘段更换

(1) 属地车间关闭料仓下插针阀，检查料管绝缘吊挂是否完好，然后由机修作业人员在料管绝缘段下搭建检修作业平台。

(2) 在损坏的绝缘段短节上和正上方钢梁上焊接吊耳。

(3) 根据法兰打火实际情况判断是否保留料管原装法兰。不保留原装料管的法兰，则用吊葫芦绑扎好绝缘段短节后，直接从料管法兰处割除；保留原装法兰，则绑扎好绝缘段短节后拆开法兰连接螺栓。

(4) 将损坏的料管绝缘段吊至地面。

(5) 料管法兰不保留，则在地面上将准备安装的绝缘段安装上法兰，并做好绝缘。然后将绝缘段吊至料管安装位置，将料管和绝缘段法兰焊接。料管法兰保留的，则将绝缘段吊至安装位置后直接加绝缘板连接绝缘螺栓。

(6) 绝缘段焊接、紧固完毕后进行绝缘测试。

(7) 绝缘测试通过后拆除影响运行的相关检修辅助设备。

7.1.7 施工验收标准

(1) 将军帽与料嘴连接良好，不得存在外斜或者大于2cm的缝隙。

(2) 料嘴与密封套绝缘良好，且在密封套料嘴孔的正中间。

(3) 护屏卡脚卡在底部环上沿内侧压板上，且与底部环、接触元件铜管、把持器绝缘良好，通水后没有漏水现象。

（4）接触元件没有漏水现象，导电面卡在电极筒筋板卡槽内，用接触元件专用扳手夹紧螺栓，使其不再旋转，与把持器绝缘良好，电极压放量在 19～21mm 范围内为合格。

（5）底部环互相连接部位平整，高低误差不超过 0.5cm，底部环拉杆搭接接头焊缝满焊长度不少于 100mm，通水后没有漏水现象，与把持器绝缘良好。

（6）通水电缆没有漏水现象，连接螺栓紧固。

（7）料管绝缘段短节上下法兰螺栓连接紧固、绝缘良好，将军帽与料管插针阀之间的两道绝缘完好。

7.1.8 更换标准

（1）将军帽　将军帽下沿法兰烧损超过一半更换，将军帽裂纹超过 300mm 更换。

（2）下料柱　下料柱烧损超过自身 1/2 更换，下料口收缩口径小于 150mm 更换。

（3）护屏　存在漏水点进行更换。

（4）接触元件　导电面高度低于 9mm 更换、有漏水点更换、接触元件有刺火凹坑更换。

（5）底部环　变形量超过 15mm 更换、本体漏水更换、吊耳脱落更换。

（6）通水电缆　胶管漏水更换、电阻值不合格更换。

（7）料管绝缘段　法兰打坏、料管漏料、绝缘损坏进行更换。

7.2 中心盖板、密封套更换检修方案

7.2.1 主要检修工具及材料

主要检修工具和检修材料分别见表 7-1 和表 7-2。

表 7-1 主要检修工具

设备或工器具名称	规格或型号	单位	数量	备注
吊葫芦	3t	台	6	
套筒扳手	32	套	3	
钢丝绳扣	14mm×1m	根	9	

表 7-2 主要检修材料

名称	规格或型号	单位	数量	备注
水冷密封套		个	3	
中心盖板		个	1	

7.2.2 检修步骤

(1) 在三相电极把持器炉盖以上 4m 位置，均布焊接吊耳四个，悬挂 3t 吊葫芦，在水冷密封套上对称焊接吊耳 4 个，将水冷密封套提紧。

(2) 利用 3mm 冷板对 12 个料柱口进行封堵防护，防止人员坠落。

(3) 拆除三相电极密封环连接法兰螺栓，将密封环分为两等份，利用把持器和料管上悬挂的吊葫芦将密封环吊起，采用吊葫芦牵引将密封环放置到地面，摆放整齐。

(4) 拆除水冷密封套上连接法兰的螺栓，将水冷密封套分为两等份，采用把持器和料管孔上悬挂的吊葫芦将外部水冷密封套吊起，利用吊葫芦牵引放置于指定位置，摆放整齐。

(5) 三角区内密封套利用把持器上就近的两个吊点，相互牵引至电极外侧，顺着电极旋转半周，按照步骤 (4) 吊装方法吊至地面。

(6) 密封套拆除后用 10# 槽钢做横担，铺设 3mm 冷板进行封堵，并固定牢固，防止人员跌落炉内。

7.2.3 中心炉盖拆除固定

(1) 在三楼半地面三相电极中心点向外 2m，每两相电极中心钻直径 50mm 吊孔，将钢丝绳扣一端塞入废旧小车轴做横担，另一端由吊孔中垂下悬挂 3 个 5t 吊葫芦。

（2）在垂下的钢丝绳上悬挂 5t 吊葫芦，在每两相电极之间炉盖外沿向内 2.3m 处中心点焊接吊耳，用吊葫芦将炉盖提紧。防止在中心盖板拆除后，炉盖下沉变形。

（3）利用中心炉盖中心的三个吊挂装置，采用钢丝绳扣悬挂 3t 吊葫芦。在中心炉盖中心点向外 1.2m 处各焊接吊耳一个，利用三楼吊挂垂直于中心炉盖吊耳处悬挂 3t 吊葫芦。用吊葫芦将中心炉盖提紧。

（4）拆除中心炉盖吊挂装置连接销杆，割除中心炉盖上末端三个吊耳。

（5）同时提升中心盖板上部三只 3t 吊葫芦，待中心盖板脱离炉盖后，松开 1 号电极和 2 号电极、2 号电极和 3 号电极之间两个吊葫芦，将 1 号和 3 号电极之间的吊葫芦拉紧，使中心炉盖垂直。

（6）将中心炉盖吊至炉膛内，利用炉缸处吊耳将其从割除的炉墙板处吊出，放至地面。

7.2.4 水冷密封套、中心炉盖安装

（1）将中心炉盖放置炉内，使用二楼楼顶吊点将中心炉盖缓慢提升，安装至指定位置进行固定，水冷密封套→密封环按照与拆除相反顺序进行安装。

（2）恢复冷却水管线并试漏。

（3）注意在中心炉盖就位后，采用耐火浇筑料进行捣固。

（4）安装水冷密封套与密封环之间连接螺栓并做好绝缘。

（5）注意安装时对正标记方位，避免错位现象发生。

7.3 炉盖更换检修方案

7.3.1 作业前准备

主要检修工具见表 7-3。

表 7-3　主要检修工具

设备或工器具名称	规格或型号	单位	数量	备注
吊葫芦	5t	台	6	
吊葫芦	3t	台	6	
套筒扳手	32	套	6	
钢丝绳扣	14mm×1m	根	18	
撬杠	自制	根	8	

7.3.2　检修步骤

（1）机修车间在中心炉盖三角腿吊耳外侧 200mm 处焊接三个吊耳（保证无焊接缺陷），在垂直于三个吊耳上方三楼半楼板处或上方钢构处（要求利用现有孔洞），使用 ϕ70mm 小车轴作为横梁，用于悬挂 5t 手拉吊葫芦；吊葫芦吊钩分别钩于 2 号、4 号、6 号炉盖焊接好的吊耳处，慢慢拉紧 5t 吊葫芦，使 2 号、4 号、6 号炉盖悬挂牢固。

（2）机修车间在电石炉的 1 号、3 号、5 号炉盖上部，垂直于顶部楼板悬挂的吊挂处分别焊接两个吊耳。1 号、3 号、5 号炉盖外侧中部焊接一个吊耳，并按照规范悬挂 3t 吊葫芦，用于吊装炉盖；1 号、3 号、5 号炉盖外侧中部焊接一个吊耳，使用炉盖外侧建筑物承重梁上原吊耳，按照规范悬挂 3t 吊葫芦，用于牵引炉盖。

（3）属地车间将电石炉 1 号、3 号、5 号三个炉盖内水打空，拆除通水胶管。

（4）机修车间拆除炉盖所有连接螺栓，慢慢起吊上方两个手拉吊葫芦，待炉盖提升高度高于炉缸顶部护板时，使用外侧吊葫芦牵引炉盖。将炉盖牵引至指定位置。

（5）依据上述方法拆除 2 号、4 号、6 号三个炉盖。

（6）安装步骤与拆卸步骤相反，注意做好绝缘。

7.4 电石炉大修清炉方案

7.4.1 作业前准备

检修主要工具见表 7-4。

表 7-4 检修主要工具

设备或工器具名称	规格或型号	单位	数量	备注
风镐	SJ400	台	2	
吊葫芦	10T	套	3	
钢钎		根	5	
铁锹		把	4	
榔头		个	1	
十字镐	ZSF530	台	4	
千斤顶	50T	个	2	
挖掘机	26 型	台	2	
挖掘机	80 型	台	1	
挖掘机	150 型	台	1	

7.4.2 清炉步骤

7.4.2.1 对电石炉内进行注水

（1）疏散二楼无关人员，关闭电焊机等非防爆电器设备，切断电源。

（2）浇水期间投运净化系统，将电石炉循环冷却水或消防水采用橡胶管接至电石炉内，对电石炉料面进行冷却，将冷却水均匀喷淋在炉料上，时间为 5～30min，作业期间密切注意气体检测仪的变化，质检中心分析作业面空间乙炔气体的含量，严格控制指标。

(3) 清炉作业炉膛浇水前必须点火，浇水遵循以下原则：勤浇少浇；火苗过大超出炉盖板时停止浇水；不着火时立刻停止浇水。浇水过程中必须保证炉膛内有火苗，防止 CO 或易燃气体聚集闪爆；炉膛内浇水前利用钢钎扎空便于 CO 或易燃气体排出，浇水完毕需层层剥离。

(4) 料面喷淋水结束后停止作业，待炉内有易燃易爆气体燃烧完毕，方可开始作业。

(5) 清炉施工后期炉膛内无法点燃明火时，使用火炬放于料面，保证火炬不熄灭。

(6) 炉料清至 2m 后，炉内无软料时，清炉施工作业时可不使用脚踏板。

(7) 炉料清至 2m 后出现硅铁后，进行喷洒，对硅铁进行浸泡，若炉眼出水，需调小水阀，慢慢浸泡，不限制浇水时间。

7.4.2.2 清理废料

(1) 将炉内废料使用 26 型挖掘机清理至二楼平台，挖掘机无法清理的死角人工入炉清理，属地车间采用人力车转运至电石炉吊装口，生产技术处安排倒短车辆将废料清运到指定位置。

(2) 清理完毕后，按照之前作业步骤对炉内进行再次注水，分层清理，直至清理至炭砖层。

7.4.2.3 清理硅铁

(1) 对 1$^{\#}$、2$^{\#}$、3$^{\#}$ 炉眼利用炉内废料进行封堵，避免跑眼或者漏水。

(2) 将电石炉循环冷却水或消防水采用橡胶管接至电石炉内，开始浇水作业，浇水期间电石炉一楼必须时刻巡检，发现炉眼有漏水现象，立刻停止浇水作业，浇水过程中炉膛内必须利用电石点火，避免 CO 集聚闪爆。待炉膛内水蒸发结束后，按照上述要求继续浇水，直至炉膛内水量不再蒸发。

(3) 电石炉一楼 30MV·A 开 1 个检修孔，40.5MV·A 开 2 个检修孔，使用 80 型及 150 型挖掘机进行清炉作业，用铲车转运至指定区域。

(4) 施工完毕后对作业现场进行清理，做到“工完、料净、场地清”，废料堆放整齐，现场无散落废料。

7.5 电石炉净气烟道更换方案

7.5.1 净气烟道更换前期准备

（1）将净气烟道进行打压试漏，确认无泄漏情况后，在净气烟道 2/3 处对称焊接吊耳，要求吊耳焊缝全部满焊，不得有夹杂、气孔等焊接缺陷，吊耳棱角打磨光滑，用压缩空气吹扫内部积水，起吊前检查吊耳、钢丝绳扣完好情况，检查电动吊葫芦钢丝绳是否良好，运行无异常，钢丝绳捆绑牢固后，试起吊，确认无异常后方可正常进行起吊。吊至二楼和五楼地面后，利用液压叉车运至指定部位摆放，待安装。

（2）清除五楼、四楼净气烟道靠近地面的混凝土，清除直径≥980mm。保证净气烟道法兰可以正常吊入二楼。

（3）在 5 楼用 14# 槽钢呈三角形将净气固定于 6 楼地面。

（4）检查 5 楼净气烟道整体固定支架焊接是否出现锈蚀、开焊等现象，如有锈蚀、开焊，进行加固补焊。

（5）在净气烟道对称焊接吊耳，要求吊耳焊接弧板底座。焊缝全部满焊，用于固定手拉葫芦。

（6）在所更换净气烟道左右对称上部 2/3 位置加装吊耳，方便烟道吊装。要求吊耳焊缝必须满焊，不得有夹、杂等焊接缺陷，且吊耳厚度不低于 12cm。

（7）净气烟道左侧搭建脚手架，方便施工人员对净气烟道螺栓进行拆除。

7.5.2 净气烟道拆除

（1）吊装前检查使用吊具钢丝绳扣完好情况。

（2）施工人员系好安全带，用钢丝绳扣将手拉葫芦固定于四楼楼板下方，并用吊葫芦链条对净气烟道吊耳进行固定（链条捆绑完毕后，用铁丝将手拉葫芦链条头进行固定）。将手拉葫芦拉紧，保持绷紧状态。

（3）拆除需更换净气烟道1段与3段法兰所有固定螺栓，摆放至指定地点。

（4）先将所更换净气烟道底部利用撬杠上下同步移出净气烟道。

（5）1段、3段拆除后，在五楼净气烟道6段三分之二处对称焊接吊耳，并用吊葫芦链条对烟道吊耳进行固定。

（6）拆除净气烟道4段、5段法兰所有固定螺栓，依次将4段、5段吊至五楼摆放至指定地点。

7.5.3 净气烟道安装

（1）清理净气烟道法兰面杂物，在新安装净气烟道左右对称、上部2/3位置加装吊耳。

（2）先安装净气1～3段，在二楼将净气烟道1～3段进行连接，连接完成后，捆绑吊葫芦链条，起吊净气烟道。

（3）吊至安装位置后，缓慢将底部法兰移至安装法兰面，然后上下同步将净气烟道进行安装。将法兰面对齐后，用气割制作固定螺栓孔。

（4）将净气烟道法兰面加装石棉绳密封，然后安装其他固定螺栓。

（5）1～3段安装完成，将4段、5段净气烟道运至五楼，使用吊葫芦，将4段依次放置于与3段连接处，进行校正，使用螺栓连接。4段安装完成后依次将5段进行安装。

（6）最后连接净气烟道水管线。

（7）通水试漏，无渗漏现象后拆除三楼净气烟道盲板。

7.5.4 安全措施及注意事项

（1）由于大修施工场地狭小，为了更好地组织施工，检修人员必须服从现场指挥人员的安排，在指定的范围内进行作业。

（2）大修现场的材料摆放有序，保持施工道路畅通。施工现场做到

“工完、料净、场地清”，检修现场无关人员撤离。

（3）严格执行公司的各项安全管理制度，大修前检查作业场所，按安全措施的要求完善安全设施，以确保不伤害自己，不伤害他人，不被他人伤害。

（4）大修过程中坚持文明施工，正确使用、维护和保管所使用的工器具及劳动防护用品，并在使用前进行检查。不操作自己不熟悉的或非本专业使用的机械、设备。

（5）尊重和服从现场监护人监督与指导。大修人员在进行高处作业时系好安全带，安全带挂在上方的牢固可靠处，做到高挂低用。

（6）所有的电动工机具、手动工机具、起重索具使用前必须进行检查，未经检查或检查存在隐患的工机具不准使用。